모두의
레시피
②

WRITER **김희종**

저자 김희종은 제철 식재료를 가장 맛있으면서도 가장 단순하게 먹을 수 있는 방법을 연구하며
매달 쿠킹 클래스를 통해 수강생들과 만나는 김희종의 자연주의요리교실의 요리 선생님입니다.
웹 디자이너로 사회생활을 시작했지만 요리에 대한 열망을 숨길 수 없어 퇴사 후 다양한 레스토랑에서
경력을 쌓고 2013년 이태원에 '은밀한 밥상'을 열어 수많은 단골 팬을 보유하기도 했죠. 그러다 본인
그리고 아버님의 건강을 위해 자극적인 음식은 멀리하고 자연에 가까운 재료들을 매일 매만지고 메뉴를
개발하다 보니 자연스레 '자연주의요리교실'이라는 타이틀로 쿠킹 클래스까지 열게 되었습니다.
한 달에 많게는 네 번, 그 계절에 나오는 식재료로 가장 맛있는 건강 레시피를 만들며 수강생들에게
다양한 방식으로 건강식 예찬론을 펼치고 있습니다. 매일 아침 인스타그램에 업데이트되는 김희종
선생님의 아이디어 가득한 메뉴를 보는 재미도 쏠쏠합니다. 주재료 한두 가지에 양념은 그보다 더 적게…
선생님의 간단하면서도 꽉 찬 메뉴들을 <모두의 솥밥>을 통해 만나보세요.

@heechongkim kidedekk@naver.com

모두의 솥밥

1판 1쇄 ○ 2020년 5월 20일(2000부)
1판 2쇄 ○ 2020년 7월 20일(2000부)
1판 3쇄 ○ 2021년 10월 18일(2000부)
1판 4쇄 ○ 2023년 6월 19일(1000부)

지은이 ○ 김희종
기획 및 편집 ○ 장은실
교열 ○ 조진숙
사진 ○ 김정인
디자인 ○ 렐리시 Relish
인쇄 ○ 아레스트

펴낸이 ○ 장은실(편집장)
펴낸곳 ○ 맛있는 책방 Tasty Cookbook
서울시 마포구 마포대로 12 1715호
tastycookbook
esjang@tastycb.kr

ISBN 979-11-969787-4-7 13590

모두의 솥밥

김희종 지음

맛있는
책방

○ *Prologue*

웹 디자이너로 직장 생활 15년, 이후 여성 의류 쇼핑몰을 6년간
운영한 뒤 모든 걸 그만두고 요리를 하겠다고 선언했습니다. 뜬금없는
저의 선언에 가족들은 어리둥절, 주위에서도 '뜬구름 잡는 소리 하고
있다'라고 생각했을 거예요. 워낙 먹는 걸 좋아하고 여행도 좋아해
지방이나 해외를 가도 그 지역의 유명 음식에 집중하던 시절, 그렇게
온갖 군데를 먹으러 돌아다니다 어느 날부터 집에서 먹어본 걸 직접
요리하기 시작하며 요리사의 길을 생각하게 된 거죠.

요리에 대해 아무것도 몰랐기에 처음 요리에 발을 들이고 2년간은 시급
5000원을 받으며 식당에서 아르바이트를 했습니다. 한식당, 경양식집,
이탈리안 레스토랑, 스테이크 전문점, 이자카야, 수제 맥줏집 등 다양한
곳에서 일하며 경험을 쌓은 뒤 이태원에 저의 식당 '은밀한 밥상'을
오픈했어요. 어릴 때부터 손맛 좋은 어머니의 음식을 먹고 자란 저에게
제일 익숙하기도 하고 제가 가장 좋아하는 한식을 주제로 제철 식재료를
이용한 사계절 요리를 선보였어요. 철마다 달라지는 식재료와 씨름하다

보니 어찌나 시간이 금방 가던지, 그 와중에 일은 많고 힘든 일을
겪으면서 실어증에 걸릴 만큼 극심한 스트레스에 시달리게 되었습니다.
스트레스는 몸으로도 와서 가리지 않고 무엇이나 잘 먹던 체질마저
바뀌었습니다. 고기가 몸에서 받지 않게 되면서 주로 채소와 해산물로
차린 식사를 하게 되었습니다. 그래서 이 책에도 그런 재료들을 활용한
솥밥 메뉴들이 많아요.

2018년 어머니께서 돌아가시고 급하게 식당을 정리한 후 아버지를
모시게 되었어요. 집안일을 맡으면서 새삼 어머니가 부엌에서 홀로
요리하며 느꼈을 외로움과 행복함, 허전함 등 다양한 감정을 경험하게
되었지요. 어머니들이 가족과 대화할 때 대부분 음식을 주제로 대화할
수밖에 없다는 것도, 그 이유도 알게 되었습니다. 바쁘다는 핑계로
한자리에 모여 식사하기 힘든 요즘, 가족과 함께하는 한 끼 한 끼가 정말
소중합니다. 어릴 때부터 건강하고 맛있는 제철 음식을 알려주고 맛을
경험하게 해준 어머니께 감사드립니다.

Contents

How to

모두의 솥밥을 읽는 법

모두의 솥밥을 읽는 방법을 알려드릴게요.

요리의 제목이에요. 맨 뒤 인덱스를 보시면 요리 이름으로 찾아볼 수 있어요.

Part 4

견과류된장찌개

STAUB

보통의 된장찌개와 달리 걸쭉한 강된장 스타일로 국물보다는 건더기가 풍성해 밥에 비벼 먹기 좋은 메뉴입니다. 견과류는 세 가지 정도 넣는 것이 좋은데 저는 보통 호두와 잣, 호박씨를 사용해요.

154

솥밥을 소개하는 김희종 선생님의 맛있는 이야기를 담았어요. 요리하기 전에 읽어보세요.

조리 과정에서 도움이 될 김희종 선생님의 요리 Tip을 담았습니다.

강판에 간 감자를 넣어 농도를 조절하는 레시피입니다. 취향에 따라 양을 가감해 더 걸쭉하거나 연하게 조절해 만들어보세요. 감자를 안 넣으면 걸쭉한 느낌이 나지 않습니다.

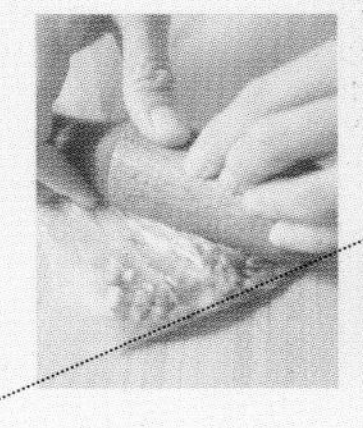

레시피를 따라 할 때 주의해야 할 점, 보관법에 대한 내용을 알려드려요.

이 책은 4인 레시피를 기준으로 만들었습니다. 분량의 반을 덜어 만들면 2인용 레시피가 됩니다.

채수 만드는 법은 149페이지를 참고하세요.

4인분

○ 채수 700ml ○ 채수 내고 남은 건표고버섯 3개 ○ 감자 1개 ○ 애호박 ½개
○ 두부 ½모 ○ 견과류 ½컵 ○ 청양고추 1개 ○ 들기름 ½Ts
양념 ○ 된장 2Ts

정확한 계량을 위해 거의 모든 재료의 분량은 '그램(g)'으로 표시했습니다. 솥밥 짓기에 대한 정확한 정보는 다음 페이지를 확인하세요.

1 냄비에 채수를 부어 약한 불에서 끓입니다.
2 표고버섯과 감자 ⅔개, 애호박, 두부는 각게 깍둑썰기합니다.
3 남은 감자는 강판에 곱게 갑니다.
4 견과류는 비닐봉지에 넣어 밀대로 밀거나 칼로 잘게 다지고, 청양고추는 잘게 다집니다.
5 달군 팬에 들기름을 두르고 감자, 표고버섯, 애호박 순으로 볶습니다.
6 볶은 표고버섯과 감자, 애호박을 채수에 넣어 끓입니다.
7 재료가 어느 정도 익으면 된장과 갈아놓은 감자, 두부를 넣어 한소끔 끓입니다.
8 불을 끄고 견과류와 청양고추를 넣어 완성합니다.

155

레시피는 조리 순서에 따라 정리했어요. 손질부터 솥밥 짓기까지 천천히 따라해 보세요.

Tip

김희종의 솥밥 짓는 법

솥밥 이렇게만 따라 하면 실패하지 않아요. 이 책에서는 3~4인 기준으로 쌀 2컵을 넣어 솥밥을 만들었습니다. 1~2인용 솥밥은 쌀 1컵 분량으로 만들어보세요.

1 쌀은 흐르는 물에 깨끗이 씻은 후 1시간 정도 불립니다. 현미는 6시간 이상 불려주세요.

2 씻은 쌀은 체에 건져 물기를 완전히 빼주세요. 그래야 탱글한 쌀의 식감을 살릴 수 있어요.

5 뚜껑을 덮은 후 센 불에서 7분간 가열합니다. 센 불의 강도는 솥 밑면의 지름을 넘지 않도록 합니다.

6 끓기 시작하면 약한 불로 줄여 8분간 가열합니다.

3 물기를 뺀 쌀은 솥에 담아주세요.

4 쌀(불리기 전)과 물의 비율은 1:1로 맞춰주세요.

7 불을 끄고 뚜껑을 덮은 상태에서 3분간 뜸을 들입니다.

8 누룽지를 만들고 싶으면 5분 더 뜸을 들인 후 밥을 퍼낸 다음 물을 붓고 숭늉으로 드시면 됩니다.

Tip

김희종의 솥 이야기

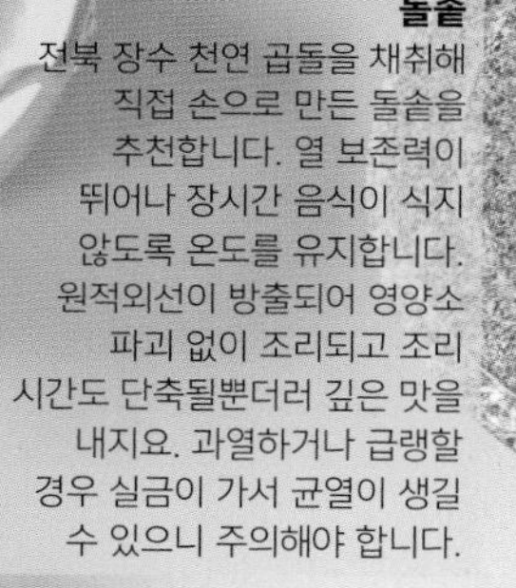

돌솥

전북 장수 천연 곱돌을 채취해 직접 손으로 만든 돌솥을 추천합니다. 열 보존력이 뛰어나 장시간 음식이 식지 않도록 온도를 유지합니다. 원적외선이 방출되어 영양소 파괴 없이 조리되고 조리 시간도 단축될뿐더러 깊은 맛을 내지요. 과열하거나 급랭할 경우 실금이 가서 균열이 생길 수 있으니 주의해야 합니다.

도나베(흙으로 빚은 냄비)

유기질이 풍부한 흙을 사용해 열을 축적하고 원적외선 효과로 쌀알 속까지 열이 전달되어 윤기 흐르는 맛있는 밥을 만들어줍니다. 도나베 중 가마도상은 뚜껑을 이중으로 설계해 밥물이 넘치지 않고 뚜껑 안쪽 공간이 넓어 다양한 재료를 넣어 밥을 지을 수 있습니다.

가마솥

솥 전체가 두툼하고 입구가 오목하며 항아리처럼 둥그런 모양이 복사열을 잘 모아주고 묵직한 뚜껑은 가마솥 내부의 압력이 외부로 새어 나가지 않도록 합니다. 열 보존율 또한 높아 오래도록 음식을 보온해주기도 하고요. 에너지 절약 등 여러모로 효율적이라 밥뿐만 아니라 다양한 요리에 활용합니다.

무쇠솥

무쇠솥 대표 브랜드로 스타우브와 르크루제가 있습니다. 스타우브 냄비의 특징 중 하나는 뚜껑 안쪽에 돌기가 있다는 건데요. 조리 시 증발한 수분이 냄비 뚜껑 돌기를 통해 다시 물방울이 되어 고르게 떨어져 수분 손실을 적게 해 음식의 맛을 유지해줍니다.

Tip

솥밥에 어울리는 기본 양념장

한 그릇 솥밥 요리에 곁들이기 좋은 양념장 레시피를 소개합니다.
양념장마다 개성이 있어 취향껏 만들어두면 솥밥 먹을 때 간편하게 사용할 수 있어요.

들깨미나리양념장

향이 좋은 양념장으로 연근, 우엉 등 뿌리채소로 만든 솥밥과 잘 어울려요. 톡톡 씹히는 생들깨가 매력적인 양념장입니다.

○ 미나리 줄기 50g ○ 생들깨 1Ts
양념장 ○ 국간장 100ml ○ 매실청·들기름 1Ts씩

1 미나리는 깨끗이 씻어 잘게 썰어둡니다.
2 생들깨는 씻어 채반에 건져 물기를 제거합니다.
3 미나리와 생들깨에 양념장 재료를 넣고 섞어요.
4 밀폐 용기에 담아 냉장고에 보관하면 5일 동안 먹을 수 있어요.

간장양념장

모든 솥밥에 두루두루 잘 어울리는 양념장이에요. 넉넉히 만들어두고 솥밥 만들 때마다 사용하면 편리합니다.

○ 청양고추·홍고추 1개씩
양념장 ○ 고운 고춧가루 1ts ○ 국간장 5Ts ○ 매실청 2Ts ○ 통깨 1Ts

1 청양고추와 홍고추는 다집니다.
2 양념장 재료를 모두 넣고 섞어요.
3 밀폐 용기에 담아 냉장고에 보관하면 5일 동안 먹을 수 있어요.

연근된장양념장

구수한 맛의 연근된장양념장은 그냥 채소를 찍어 먹어도 맛있고 담백한 맛의 솥밥에 비벼 먹으면 마치 강된장 같은 풍미를 느낄 수 있습니다.

○ 연근 50g ○ 청양고추1개 ○ 홍고추 1개
양념장 ○ 된장 2Ts ○ 미림 3Ts ○ 청주 1Ts

1 연근, 청양고추, 홍고추는 잘게 다집니다.
2 모든 재료를 팬에 넣어 약한 불에서 끓인 후 거품이 생기면 불을 끕니다.
3 완전히 식힌 후 밀폐 용기에 담아 냉장고에 보관하면 5일 동안 먹을 수 있어요.

달래양념장

Part 1에서 소개한 채소로 만든 솥밥 메뉴들과 잘 어울리는 양념장입니다. 달래가 없다면 부추로 대체해도 좋아요.

○ 달래 30g ○ 홍고추 1개
양념장 ○ 국간장 2Ts ○ 매실청 1ts ○ 통깨 2Ts

1 달래와 홍고추는 송송 썰어 30분간 볼에 담아둡니다. 이렇게 하면 채소에서 수분이 나와 간장을 많이 넣지 않아도 수분감이 생겨요.
2 달래와 홍고추가 숨이 죽으면 양념장 재료를 모두 넣고 섞습니다.
3 밀폐 용기에 담아 냉장고에 보관하면 5일 동안 먹을 수 있어요.

Part
1

채소로 만든 솥밥

쌀과 채소 몇 가지만 있어도
근사한 한 끼가 완성되는 솥밥의
마법! 저는 제철에 나는 신선한
채소의 맛과 향을 마음껏 즐길
수 있는 제철 채소 솥밥을 정말
좋아해요. 다양한 채소로 만든
근사한 솥밥 레시피를 소개합니다.
앞서 소개한 달래양념장이나
들깨미나리양념장을 곁들여보세요.
없던 입맛도 되살아납니다.

시래기두부솥밥

2018년 어머니가 갑작스럽게 돌아가신 뒤 덜컥 부엌을 떠안게 되었습니다. 식당의 주방과 집의 부엌은 차원이 달라 같은 요리를 해도 완전히 다른 일을 하는 듯한 기분이 듭니다. 아니, 이건 완전히 다른 일이 맞아요. 거의 매일 집에서 식사를 하시는 아버지의 식단은 삼시세끼 다른 국에 두 가지 이상의 찌개, 일곱여 가지의 반찬 그리고 식사 후 마시는 뜨거운 차로 구성됩니다. 어머니의 밥상을 기대했던 아버지는 그 맛이 나오지 않자 조금 더 짜고 맵게 할 것을 요구했고 평소 싱겁게 먹던 저는 거기에 맞춰 요리하느라 진땀을 빼며 결국 '나는 요리를 못하나'라는 생각까지 들면서 요리에 두려움을 갖는 지경에 이르렀습니다. 지인에게 고민을 이야기했더니 "그냥 맵고 짜게 요리해"라며 쿨한 답을 주었습니다.

그러던 어느 날, 조금은 어설픈 솥밥을 식탁에 올렸더니 아버지가 맛있게 드시더라고요. 자신감이 생겨 제 전문 분야인 제철 식재료를 활용한 솥밥을 이것저것 만들기 시작했습니다. 주방에서 살아남기 위한 생존 본능으로 다양한 레시피가 마구마구 떠올랐어요. 솥밥을 내자 반찬 두세 가지를 줄일 수 있었고 둥굴레, 옥수수, 구기자 등의 차를 숭늉으로 대신해 밥 차리는 일이 한결 편해졌습니다. 다른 이들이 SNS에 예쁜 솥밥 사진을 올릴 때 저는 주방에서 솥밥과 치열한 씨름을 하며 그렇게 가마솥밥의 길로 들어섰습니다.

시래기두부솥밥은 어머니가 어린 시절부터 자주 해주시던 시래기된장지짐을 떠올리며 만든 솥밥입니다. 가족들에게 익숙한, 좋아하는 식재료를 솥밥에 넣는 것도 방법이지요.

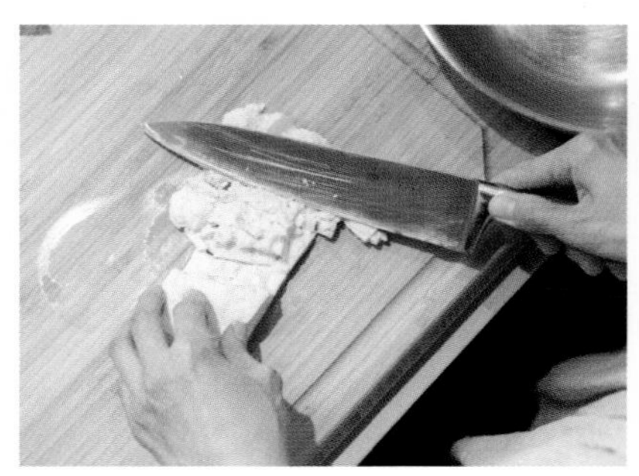

4인분

○ 쌀 2컵 ○ 물 2컵 ○ 불린 시래기 120g ○ 두부 200g ○ 표고버섯 2개

양념 ○ 된장 1Ts ○ 국간장·들기름 ½Ts씩

1 쌀은 씻어 1시간 이상 물에 불린 뒤 채반에 건져 물기를 제거합니다.

2 마른 시래기는 충분히 물에 불린 뒤 30~40분 정도 끓는 물에 삶아 그대로 12시간 물에 불립니다. 요즘 시중에 불린 시래기 통조림 등 미리 손질한 시래기 제품이 다양하게 나와 있으니 이를 활용해도 좋아요.

3 두부는 칼등으로 으깬 뒤 면포에 넣어 물기를 꼭 짜고 표고버섯은 얇게 슬라이스합니다.

4 물기를 꼭 짠 시래기와 두부, 표고버섯에 양념을 넣고 고루 버무려 그대로 10분간 둡니다.

5 솥에 쌀과 물을 담고 버무려둔 재료를 모두 올려 밥을 짓습니다.

김치프라이팬밥

이태원에 '은밀한 밥상'을 오픈하기 전, 2년간 아르바이트를 했습니다. 양식 레스토랑, 한식집, 스테이크 전문점, 수제 맥줏집 등 여러 곳의 식당에서 홀 서빙도 하고 주방에서 요리도 했지요. 저녁에 출근하는 식당을 다닐 때 어머니는 출근 전에 김치프라이팬밥을 만들어주곤 하셨어요. 어린 시절부터 어머니는 김치볶음밥을 만들 때 프라이팬의 뚜껑을 닫으셨어요. "나는 김치볶음밥에 자신이 없는데 이렇게 하면 맛이 그럴싸하다"고 하셨던 게 기억이 나요. 어머니의 프라이팬 김치볶음밥은 투박하고 아주 간단했습니다. 밥에 묵은지를 썰어 올리고 고추장을 대충 얹은 뒤 뚜껑을 덮고 익혔죠.
다 되면 바닥에 살짝 누른 밥까지 박박 긁어 참기름을 한번 두르고 비벼 달걀프라이를 올려 먹으면 그 맛이 어찌나 좋던지요.
너무나 간단해 레시피라고 부르기 무색할 정도의 요리라 까먹고 있었는데 기억 한편에 남아 있었나봐요.
어느 순간부터 저도 프라이팬 밥을 짓기 시작했습니다. 제가 쿠킹 클래스에서는 프라이팬 밥을 한식 파에야처럼 세련되게 만들지만 어머니의 오리지널 레시피를 먼저 소개할게요.

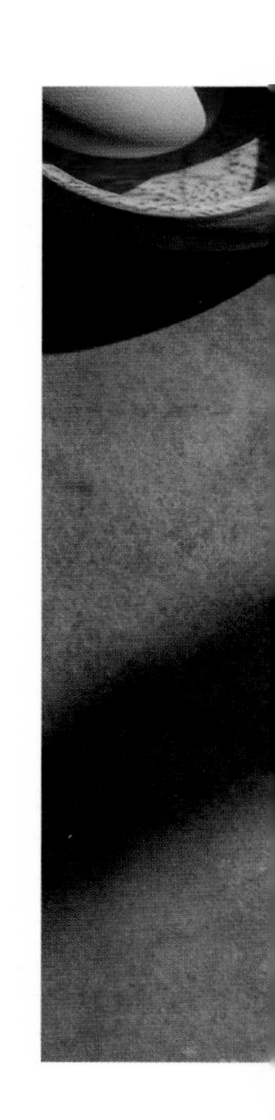

2인분 ○ 밥 2공기 ○ 묵은지 120g ○ 고추장·참기름 1Ts씩 ○ 식용유 적당량
○ 달걀프라이 1~2개

1 프라이팬에 식용유를 두르고 중불에 올린 뒤 밥을 넣어 얇게 펼칩니다.

2 잘게 썬 묵은지와 고추장을 밥에 올리고 뚜껑을 닫아 5분간 그대로 둡니다.

3 달걀프라이를 만듭니다.

4 불을 끄고 뚜껑을 열어 참기름을 두른 뒤 잘 섞고 달걀프라이를 올립니다.

버섯병조림연근솥밥

버섯을 사면 이틀만 지나도 곰팡이가 피거나 상할까 불안불안해하다 결국에는 대충 국이나 찌개에 전부 넣어버립니다. 버섯으로 솥밥이나 냄비밥을 자주 해 먹는 저로서는 조금 더 오래 보관할 수 있는 방법이 없을까 고민하다 버섯병조림으로 만들어봤는데 아주 성공적이어서 애정하는 저만의 요리 아이템이 되었습니다. 슬라이스한 버섯을 들기름에 넣어 보관하는 것으로 방법도 간단합니다.

① ········ 버섯병조림 만들기

표고버섯 2개 기준

○ 표고버섯 2개 ○ 마늘 슬라이스 5개 ○ 건고추 1개

양념 ○ 들기름 70ml ○ 소주·국간장 1Ts씩

1 버섯은 얇게 슬라이스합니다.

2 들기름에 마늘과 건고추를 넣고 약한 불로 가열해 향이 나기 시작하면 버섯을 전부 넣고 함께 가열합니다. 기포가 생기기 시작하면 불을 끄고 소주와 국간장을 넣어 고루 섞습니다.

3 그대로 두어 한 김 식힌 뒤 병에 담아 냉장고에 보관합니다.

버섯병조림은 냉장고에서 2주간 보관 가능합니다.

연근은 좋아하는 식재료 중 하나로 다양하게 활용하고 있지만 그래도 솥밥으로 제일 많이 먹게 되더라고요. 연근은 자르는 순간부터 기분이 좋아져요. 거미줄 같은 섬유질이 아지랑이처럼 올라오며 크고 작은 동그라미의 단면이 보여 그만 웃음이 나곤 합니다. 색과 향이 연해 어떤 식재료와도 잘 어우러지는 장점을 지닌 아주 착한 식재료이기도 해요. 굽거나 볶거나 찜을 하면 그 식감이 아삭하고, 튀기면 바삭, 잘게 다지거나 강판에 갈면 미끈한 게 여러 조리법으로 다양한 식감을 낼 수도 있습니다. 솥밥에는 보통 한입에 먹기 좋은 크기로 썰어 올립니다.

버섯병조림을 넣을 때 재워둔 들기름 양념이 너무 많이 들어가면 밥이 딱딱해지고 기름진 누룽지가 생길 수 있으니 가급적 건더기만 건져 넣는 것이 좋습니다.

4인분 ○쌀 2컵 ○물 2컵 ○연근 200g ○버섯병조림 2Ts

1 쌀은 씻어 1시간 이상 물에 불린 뒤 채반에 건져 물기를 제거합니다.

2 연근은 껍질째 깨끗이 씻어 먹기 좋은 크기로 슬라이스한 뒤 찬물에 15분 정도 담가둡니다.

3 솥에 쌀과 물을 담고 연근과 버섯병조림을 넣어 밥을 합니다.

무말랭이솥밥

겨울 무는 그냥 먹어도 맛있지만 말리면 당도가 올라가 더 맛있어져요. 저는 채소를 말려 보관하는 것을 좋아하는데 식품건조기가 있지만 잘 쓰지 않고 자연스럽게 햇볕에 말리는 걸 선호합니다. 시간과 끈기만 있다면 누구나 말린 채소를 솥밥에 활용할 수 있어요. 볕이 잘 드는 곳에 종이 포일을 깔고 원하는 채소를 잘라 올린 뒤 아침저녁으로 한 번씩 뒤집어주며 일주일을 말리면 완성입니다. 이 방법으로 무는 물론이고 버섯과 호박, 가지, 당근 등을 말릴 수 있어요.

말린 무로 밥을 지으면 식감도 꼬들꼬들하고 생무를 넣은 솥밥과는 완전히 다른 솥밥이 됩니다. 건나물이 생나물에 비해 영양가가 높듯이 무말랭이도 햇볕에 잘 말리면 비타민 D가 풍부해집니다. 섬유질이 많고 칼로리는 적어 다이어트에도 좋아요. 자주 챙겨 먹으면 몸에도, 피부에도 좋다고 하니 저부터 많이 먹어야겠어요. 무에는 소화를 돕는 디아스타아제 성분이 들어 있어 속도 편안합니다.

무말랭이솥밥을 할 때에는 건표고버섯이나 말린 당근 등 색감이 예쁜 재료를 더해보세요. 일부러 살 필요는 없습니다. 무말랭이 하나만으로도 충분히 맛있으니까요. 곁들이는 양념장으로는 앞서 소개한 들깨미나리양념장을 추천합니다.

붉은 색의 무는
자색 무를
말린 거예요.

4인분 ○ 쌀 2컵 ○ 물 2컵 ○ 무말랭이 50g ○ 말린 당근 30g

1 쌀은 씻어 1시간 이상 물에 불린 뒤 채반에 건져 물기를 제거합니다.

2 무말랭이와 말린 당근은 깨끗이 씻은 뒤 잠길 정도의 찬물에 5분간 담가 불렸다가 물기를 꼭 짜냅니다. 불린 물은 버리지 말고 밥물에 섞어 활용합니다.

3 솥에 쌀과 물을 담고 무말랭이와 당근을 올려 밥을 짓습니다.

고사리솥밥

이상하게도 제주도에만 가면 고사리를 사게 됩니다. 어릴 때에는
고사리가 그렇게 싫더니 나이가 들수록 말린 고사리의 향과 식감,
봄이면 나오는 생고사리의 맛과 향까지 고사리의 모든 것이 좋아졌어요.
고사리는 생김새나 향이 우아하고 원숙하게 느껴져 시골보다는 세련된
도시를 떠올리게 하는 재료입니다.
'은밀한 밥상'의 첫 채식 메뉴였던 '여름보양식채개장'은 지방에서
가져온 질 좋은 고사리를 듬뿍 넣고 다양한 건나물을 더해 만들었습니다.
지금은 비건 인구가 늘고 사찰 음식이 퍼지면서 채소로 끓인 육개장인
채개장이 많이 알려졌지만 당시만 해도 일반인들에게는 생소한 메뉴가
주로 외국인이나 스님들이 주문하는 메뉴였습니다. 채식을 하는 분들은
이를 먹기 위해 일부러 예약하고 멀리서 찾아오기도 했지요.
이렇게 고사리는 비건 메뉴에도 많이 쓰이지요. 개인적으로 고기
요리를 선호하지 않지만 이상하게 고사리솥밥을 할 때면 냉동실에서
소고기 불고깃감을 꺼내게 됩니다. 국간장과 참기름에 살살 볶은 고기와
고사리를 넣고 밥을 지으면 그렇게 잘 어울릴 수가 없어요.

4인분

○ 쌀 2컵 ○ 물 2컵 ○ 불린 고사리 120g ○ 소고기 불고깃감 80g
불고기 양념 ○ 국간장 1Ts ○ 참기름 ½Ts ○ 소금·후춧가루 약간씩

1 고사리는 1시간 이상 물에 불려 20분 정도 삶은 뒤 중간에 두세 번 물을 갈아가며 하룻밤 찬물에 담가둡니다.

2 쌀은 씻어 1시간 이상 물에 불린 뒤 채반에 건져 물기를 제거합니다.

3 불린 고사리도 채반에 건져 물기를 제거하고 먹기 좋은 크기로 자릅니다.

4 소고기는 키친타월로 핏물을 제거한 뒤 소금, 후춧가루를 뿌려 10분간 재웁니다.

5 재운 소고기에 국간장과 참기름으로 간해 프라이팬에서 물이 나오지 않을 정도로 볶습니다.

6 솥에 쌀과 물을 담고 고사리와 볶은 소고기를 올려 밥을 짓습니다.

밤솥밥

밤밥을 짓는다는 것은 생각조차 못해봤습니다. 식당에서 돌솥밥에 다른 재료들과 함께 밤이 약간 더해진 건 먹어봤어도 밤만 들어간 밥은 보지 못했던 거죠.
어느 날 어머니의 산소에 다녀온 후 상에 올리고 남은 밤으로 솥밥을 지어보았습니다. 말캉해진 밤을 한입 깨무니 어머니 생각에 코끝이 시큰해졌어요. 처음엔 남은 대추도 함께 넣었는데 오직 밤만 넣고 밥을 지어야 그 맛을 제대로 음미할 수 있습니다.

4인분 ○ 쌀 2컵 ○ 물 2컵 ○ 깐 밤 20개

1 쌀은 씻어 1시간 이상 물에 불린 뒤 채반에 건져 물기를 제거합니다.

2 솥에 쌀과 물을 담고 깐 밤을 올려 밥을 짓습니다.

모둠버섯솥밥

몇 년 전부터 사찰 요리에 관심이 생겨 시간이 날 때마다 조금씩 배우러 다니다 식당을 그만두고 이론까지 가르치는 사찰 요리 정규반에 들어가 본격적으로 공부하기 시작했어요. 정규반에는 자신의 건강 때문에 사찰 요리를 시작한 이부터 저처럼 요리사까지 다양한 이들이 있었습니다. 정관 스님 등에게 유명 셰프들이 사찰 음식을 배우는 모습이 SNS 등을 통해 알려지기도 했지요. 사찰 요리를 배우다 보니 정작 레시피보다 중요한 것은 마음가짐과 식재료를 대하는 태도, 조금 더 나아가

우리에게 없어서는 안 될 공기와 물, 소금 등이라는 것을 알게 되었습니다. 이런 것들을 이해하다 보면 '내가 왜 이 요리를 해야 하는지'를 생각하게 됩니다. 사찰 요리를 시작한 지 얼마 안 되어 배운 '모둠버섯냄비밥'은 버섯을 좋아하는 제가 지금까지도 가장 즐겨 해 먹는 메뉴입니다. 버섯은 사찰에서 가장 많이 사용하는 식재료 중 하나이기도 합니다. 이 요리의 포인트는 다양한 버섯을 하나하나 따로 볶는 거예요. 어차피 다 같은 버섯인데 왜 따로따로 볶을까 궁금했는데 특별한 양념 없이 들기름만으로 볶는 버섯의 향이 저마다 다르게 올라와 입안에 버섯의 제각기 다른 풍미가 그대로 전해졌습니다. 표고버섯은 표고버섯대로, 느타리버섯은 느타리버섯대로 각자 가지고 있는 수분과 질감, 향을 따로 볶아야만 제대로 느낄 수 있다는 것을 알았지요. 그 당시 배운 '모둠버섯냄비밥'을 제 스타일에 맞게 약간 변형한 레시피입니다.

4인분

○ 쌀 2컵 ○ 표고버섯 불린 물 2컵 ○ 건표고버섯 3개
○ 백만송이버섯 80g ○ 느타리버섯·팽이버섯 50g씩
버섯 양념 ○ 들기름 2Ts ○ 국간장 1Ts

1 쌀은 씻어 1시간 이상 물에 불린 뒤 채반에 건져 물기를 제거합니다.

2 건표고버섯은 물 2컵에 담가 1시간 이상 불립니다.

3 불린 표고버섯은 0.5cm 두께로 길게 자릅니다.

4 백만송이버섯은 통째로 준비하고, 느타리버섯은 먹기 좋은 크기로 찢고, 팽이버섯은 밑동을 잘라 손질합니다.

5 표고버섯과 느타리버섯은 들기름 1Ts, 국간장 1Ts을 넣어 볶고, 백만송이버섯은 들기름 1Ts만 넣고 볶습니다.

버섯은 숨이 죽을 정도로 1분간 살짝 볶아주세요.

6 솥에 쌀과 물을 담고 볶은 버섯을 올려 밥을 짓습니다.

7 뜸들이기 직전 팽이버섯을 넣고 뚜껑을 닫아 함께 뜸들이며 여열로 익힙니다.

생들깨우엉밥

사찰 음식을 배우기 전에는 생들깨를 요리에 활용해본 적이 없어요. 들깨가루는 자주 사용하면서 생들깨는 왜 생소하게 여겼는지 모르겠어요. 생각해보니 어린 시절 어머니가 생들깨를 볶아 통에 담아두고 TV 볼 때마다 한 줌씩 먹으라고 했는데 어린 나이에 TV에 정신이 팔려 생들깨를 바닥에 잔뜩 흘리며 먹다가 혼난 뒤 다신 먹지 않았던 듯합니다. 그런 생들깨를 지금은 솥밥에도, 양념장에도, 샐러드에도 여기저기 활용하고 있으니 신기한 일이에요.

우엉은 변비나 당뇨 등 건강에 좋다 해서 음식에도 다양하게 활용하고 말린 우엉을 차로 끓여 매일 마시기도 합니다. 우엉은 연필을 깎듯이 얇게 깎아 찬물에 잠시 담가두었다 한 번 먹을 분량씩 소분해 냉동고에 보관하면 우엉솥밥이나 국, 찌개 등에 간편하게 활용할 수 있습니다.

생들깨우엉밥은 사찰 요리에 자주 등장하는데 식감 자체가 재미있어 먹는 데 지루함이 없어요. 맛도 고소하고 건강에 좋은 음식입니다.

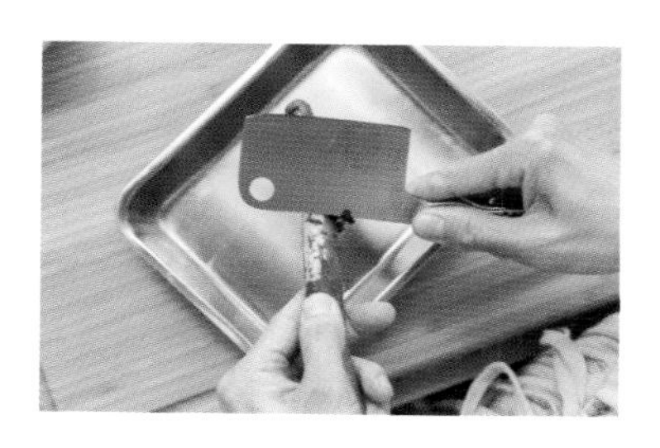

4인분 ○ 쌀 2컵 ○ 물 2컵 ○ 생들깨 50g ○ 우엉 200g

1 쌀은 씻어 1시간 이상 물에 불린 뒤 채반에 건져 물기를 제거합니다.

2 생들깨는 깨끗하게 씻어 불순물을 제거하고 채반에 건져 물기를 제거합니다.

3 우엉은 껍질을 칼등으로 벗기고 5cm 길이로 얇게 채 썬 뒤 찬물에 10분간 담가 아린 맛을 제거합니다.

4 솥에 쌀과 물을 담고 우엉을 올린 후 생들깨를 고루 뿌려 밥을 짓습니다.

건나물채소솥밥

예전부터 나물을 먹기 힘든 겨울철을 대비해 제철 채소나 나물을 미리 햇볕에 말려두었다가 다양하게 요리에 활용했지요. 그런데 쿠킹 클래스를 진행하다 보니 건나물로 솥밥을 하는 걸 생소해하는 분들이 많더라고요. 볕 좋은 곳에서 앞뒤로 뒤집어가며 일주일간 잘 말린 나물이나 채소 등을 냉동실에 넣어두고 다양한 요리에 활용해보세요. 마트에서 판매하는 건나물은 솥밥용으로 하기엔 너무 커서 마음에 들지 않더라고요. 솥밥용으로 채소나 나물을 말릴 때에는 조금 작게 잘라 말리기를 추천합니다.

4인분 ○쌀 2컵 ○물 2컵 ○건가지·건호박 50g씩(불렸을 때 기준)
○취나물 혹은 참나물 100g ○당근 50g ○국간장·들기름 2Ts씩
○소금 약간 ○식용유 적당량

1 쌀은 씻어 1시간 이상 물에 불린 뒤 채반에 건져 물기를 제거합니다.

2 건가지와 건호박은 1시간 이상 물에 불린 뒤 물기를 꼭 짜고 국간장과 들기름 1Ts씩 넣어 볶습니다.

3 참나물은 끓는 물에 소금을 약간 넣고 데친 뒤 물기를 꼭 짜고 국간장과 들기름 1Ts씩 넣어 볶습니다.

4 당근은 잘게 다진 뒤 프라이팬에 식용유를 두르고 소금으로 간해 볶습니다.

5 솥에 쌀과 물을 담고 밥을 짓다가 중간 불에서 약한 불로 줄일 때 뚜껑을 열고 볶은 나물과 당근을 올린 뒤 뚜껑을 닫고 마저 밥을 짓습니다.

초당옥수수솥밥

김태희가 출산 뒤 다이어트 음식으로 먹어 더 유명해진 초당옥수수.
저는 국내에 초당옥수수가 출시되자마자 주문해 먹었는데 그야말로
신세계였습니다. 옥수수를 생으로 먹을 수 있다는 것도 놀랍지만 그 단맛에
또 한 번 놀랐지요. 당시는 초당옥수수가 알려지지 않아 먹는 방법도 알 수
없었기에 직접 조리하면서 방법을 찾았습니다.
식감이 좋아 생으로 먹는 걸 즐기지만 찜기에 찌면 부드럽게 먹을 수 있고
팬에 구우면 단맛이 많이 올라와요. 여러 조리법으로 다양한 맛을 느낄 수
있어 자주 요리에 사용합니다. 하지만 제철에만 먹을 수 있어 대량 구매해
냉동하지 않는 이상 사계절 내내 즐길 수 없는 것이 아쉬웠는데 얼마 전부터
진공 초당옥수수가 판매되어 한겨울에도 초당옥수수를 먹을 수 있음에
감사해하고 있습니다.
초당옥수수는 당도가 높지만 수분 함량도 높아 칼로리가 낮은 편이므로
다이어트 식품으로 좋아요. 대신 당뇨가 있는 분들은 조심하는 것이
좋겠지요. 저야 매일 먹고 싶지만 저희 아버지는 당이 높은 음식은 피해야
하시기에 아주 가끔 솥밥으로 만들어 즐깁니다. 콩류를 더해 먹으면 더욱
균형 잡힌 식사가 됩니다.

STAUB

STAUB
STAUB

4인분 ○ 쌀 2컵 ○ 물 2컵 ○ 초당옥수수 1개

1 쌀은 씻어 1시간 이상 물에 불린 뒤 채반에 건져 물기를 제거합니다.

2 초당옥수수는 세워 칼로 옥수수알 부분을 자릅니다.

3 솥에 쌀과 물을 담고 옥수수 속대와 옥수수알을 올려 밥을 짓습니다.

옥수수 속대를 함께 넣고 밥을 지으면 단맛이 더 올라옵니다. 밥을 다 짓고 난 뒤에 건져내면 됩니다.

토마토솥밥

더운 여름, 설탕을 뿌려 냉장고에 재워둔 차가워진 토마토를 꺼내 선풍기
앞에서 야금야금 먹던 어린 시절, 가장 맛있게 먹은 토마토에 대한 기억입니다.
그 이후에는 토마토를 먹고 '최상의 맛이야!'라고 느낀 적은 솔직히 없었어요.
그래도 냉장고에 항상 있는 재료인데 더 맛있게 먹는 방법은 없을까 고민하다
만든 메뉴입니다. 구운 버섯을 올린 토마토솥밥은 쿠킹 클래스에서 했던
메뉴이기도 해요. 토마토로 솥밥을 하면 리소토 느낌이 나면서 구운 버섯과의
조합이 정말 훌륭해 집에서도 가끔 해 먹고는 합니다.
이번 책 작업을 하던 중 '마켓레이지헤븐'이라는 국내에서 생산되는 건강한
농산물을 소개하는 인터넷 몰에서 연 팝업 식당에 갔다가 유기농 완숙
토마토를 먹어보았습니다. 처음 먹어본 유기농 완숙 토마토의 맛은 오감이 다
열리는, 그야말로 새로운 세계였어요. 이후 사이트에서 같은 토마토를 주문해
토마토솥밥을 해보니 이전의 솥밥과는 차원이 달랐습니다.
앞으로 토마토솥밥의 선구자가 되어 널리널리 알리고 싶은데 단, 이 유기농
토마토여야 한다는 것이 중요해요. 일반 토마토도 충분히 맛있지만
이 토마토를 사용하면 "최고의 맛이야"라는 찬사가 절로 나올 거예요.

완숙 토마토 1개 기준으로 쌀 1컵이 적당합니다.

2인분 ○쌀 1컵 ○물 1컵 ○완숙 토마토 1개(180g) ○느타리버섯 적당량 ○올리브유 적당량 ○소금·후춧가루 약간씩

1 쌀은 씻어 1시간 이상 물에 불린 뒤 채반에 건져 물기를 제거합니다.

2 토마토는 꼭지를 제거하고 윗부분에 열십자로 칼집을 낸 뒤 끓는 물에 살짝 데쳐 껍질이 벌어지면 바로 꺼내 찬 물에 식히고 껍질과 심지를 제거합니다.

3 솥에 쌀과 물을 담고 토마토를 올려 밥을 짓습니다.

4 느타리버섯은 잘게 찢어 올리브유를 두른 팬에 소금, 후춧가루로 간해 굽습니다.

5 밥이 다 되면 올리브유와 소금을 약간 뿌려 토마토를 으깨가며 고루 섞습니다.

6 밥을 그릇에 담고 구운 버섯을 올립니다.

율무솥밥

율무는 그 식감이 참 재미있어 밥으로도 먹지만 샐러드로도 만들어 먹어요. 하지만 불리는 시간이 오래 걸린다는 단점도 있어 자주 해 먹지는 못합니다. 하룻밤은 충분히 불려야 밥을 해도 부드럽게 먹을 수 있거든요.
비만이나 당뇨가 있는 이라면 율무가 도움이 되지만 찬 성질이 있어 수분을 빼는 작용을 하기 때문에 탈수증이 있거나 소화가 잘 안 되는 분이라면 피하는 것이 좋습니다. 레시피에는 율무와 쌀의 비율이 일대일이지만 처음 율무밥을 먹는다면 율무의 비율을 줄여 밥을 하다 차츰 율무 비율을 반까지 늘리는 것을 권합니다. 다이어트한다고 처음부터 율무를 너무 많이 넣으면 맛있게 느끼기 힘들거든요. 무슨 음식이든 균형이 제일 중요하다는 것을 염두에 두고 요리하면 맛도 영양도 한번에 챙길 수 있습니다.

4인분 ○ 율무 1컵 ○ 쌀 1컵 ○ 물 2½컵

1 율무는 깨끗이 씻어 반나절 이상 불립니다.

2 쌀은 씻어 1시간 이상 물에 불린 뒤 채반에 건져 물기를 제거합니다.

3 솥에 물기를 뺀 율무와 쌀, 물을 담고 밥을 짓습니다.

죽순솥밥

요리를 하기 전 죽순은 그저 중국 요리에 들어간,
무슨 맛인지 모르고 먹는 식재료 중 하나라 생각했어요.
그런데 계절 요리를 하면서 봄만 되면 죽순이 나오기를
기다리게 되더라고요. 죽순은 손질도 번거롭고 하루를
꼬박 기다려야 먹을 수 있기 때문에 집에서 편하게 먹는
요리는 아니지만 죽순을 먹어야만 꼭 봄을
잘 지낸 것 같아요. 하지만 요즘은 인터넷에서 쉽게
삶은 죽순을 구매할 수 있으니 정말 편한 세상에 살고
있구나 싶어요.
죽순솥밥을 할 때는 제철에 나오는 봄채소를 함께
곁들여 솥밥을 만드는데 죽순 한 가지만 푸짐하게 넣어
밥을 해도 충분히 맛있어요. 레시피에 쓰인 재료에 너무
연연해하지 말고 원하는 채소를 곁들여 드셔보세요.

4인분 ○쌀 2컵 ○물 2컵 ○죽순 1개 ○당근 50g
○표고버섯 2개 ○껍질콩 혹은 완두콩 50g

① 죽순 삶는 법

1 죽순은 껍질째 씻어 밑동을 조금 자른 후 껍질을 3~4장 벗깁니다.

2 세로로 칼집을 냅니다. 그러면 삶은 후 껍질이 잘 벗겨지거든요.

3 냄비에 죽순이 잠길 정도의 쌀뜨물 1컵을 넣어 불에 올립니다.

4 죽순이 떠오르지 않게 종이 포일을 덮은 후 20~30분 삶아요.

5 얇은 나무꼬치로 찔러 밑동까지 들어가면 불을 끄고 삶은 물에 식힙니다.

6 식으면 껍질을 벗기고 살짝 씻어 넉넉한 물에 하룻밤 담가놓아요.

② ········ 만드는 법

1 쌀은 씻어 1시간 정도 물에 불린 후 채반에 건져 물기를 뺍니다.

2 죽순은 길이로 봤을 때 밑동 부분은 가로로 얇게 썰고 끝부분은 세로로 썹니다.

3 당근은 채 썰고 표고버섯은 얇게 슬라이스합니다.

4 불린 쌀에 물을 넣고 손질한 재료를 얹어 밥을 합니다.

잎새버섯솥밥

개인적으로 내추럴 와인을 좋아해 자주 마시는 편인데 가장 좋아하는 술안주는 밥안주라고 매번 강조하곤 해요. 제가 만드는 솥밥이 대부분 간이 세거나 양념이 진하지 않아 재료의 맛이 그대로 느껴지면서 와인 안주로도 부담없이 즐기기 좋거든요. 잎새버섯은 재배 방법도 까다롭고 판매하는 곳이 많지 않아 자주 요리해 먹기엔 힘들어요. 하지만 솥밥으로 만들어 식사 겸 와인 안주로 먹기에 너무나 좋아 많은 분들이 드셔보셨으면 하는 마음에 요리 수업에서도 여러 번 소개했어요. 워낙 몸에 좋은 버섯이라 분말이나 약으로도 나와 있지만 그래도 제일 좋은 건 잎새버섯으로 요리해 먹는 거예요. 버섯에 간이 스며들도록 팬에 한번 조리한 뒤 솥밥 뜸들일 때 넣는 게 포인트입니다.

4인분 ○ 쌀 2컵 ○ 물 2컵 ○ 잎새버섯 200g ○ 가지 1개 ○ 당근 ⅓개
양념 ○ 들기름 1Ts ○ 국간장 1ts

1 쌀은 씻어 1시간 이상 물에 불린 뒤 채반에 건져 물기를 제거합니다.

2 잎새버섯은 결에 따라 듬성듬성 찢어요.

3 가지는 2cm 두께로 썰고 당근은 먹기 좋게 썰어둡니다.

4 마른 팬에 잎새버섯을 볶다 들기름과 간장을 넣어 볶아요.

5 볶은 잎새버섯은 접시에 옮기고 같은 팬에 가지를 굽습니다.

6 솥에 불린 쌀과 물, 당근을 넣고 밥을 짓다 뜸들일 때 잎새버섯과 가지를 넣어 마무리합니다.

양배추솥밥

아빠도 저도 역류성 식도염으로 고생할 때 양배추가 위에 좋다고 해서 아침마다 양배추 샐러드를 먹은 적이 있어요. 물론 지금도 종종 먹고 있지만요. 냉장고에 채 썰어놓은 양배추가 한 통 가득한데 소화가 안 돼 샌드위치도 못해 먹고 이 많은 양배추로 뭘 만들어 먹을까 고민하다 색다른 요리를 시도해본 게 솥밥이에요. 양배추의 아삭한 식감도 살리면서 부드럽게 먹기 위해 달걀노른자를 넣어 비볐더니 속이 너무나 편하고 맛있더라고요. 누구나 좋아할 맛이지만 아이들 있는 집이나 다이어트하는 분들이라면 특히 만들어 먹기 좋은 솥밥이 될 것 같아요.

4인분　○쌀 2컵 ○물 2컵 ○양배추 80g ○레몬 1조각 ○달걀노른자 1개

양념 ○국간장 2Ts ○참기름 1Ts

1 쌀은 씻어 1시간 이상 물에 불린 뒤 채반에 건져 물기를 제거합니다.

2 양배추는 너무 가늘지 않게 채 썰어두세요.

3 국간장에 레몬을 넣어 향을 냅니다.

4 솥에 쌀과 참기름을 넣고 2~3분간 볶다 물을 부어 밥을 합니다.

5 뜸들이기 3분 전에 양배추를 넣고 1분 전에 달걀노른자를 넣어 노른자 겉면만 익혀요.

6 레몬 간장을 넣어 고루 섞어 먹습니다.

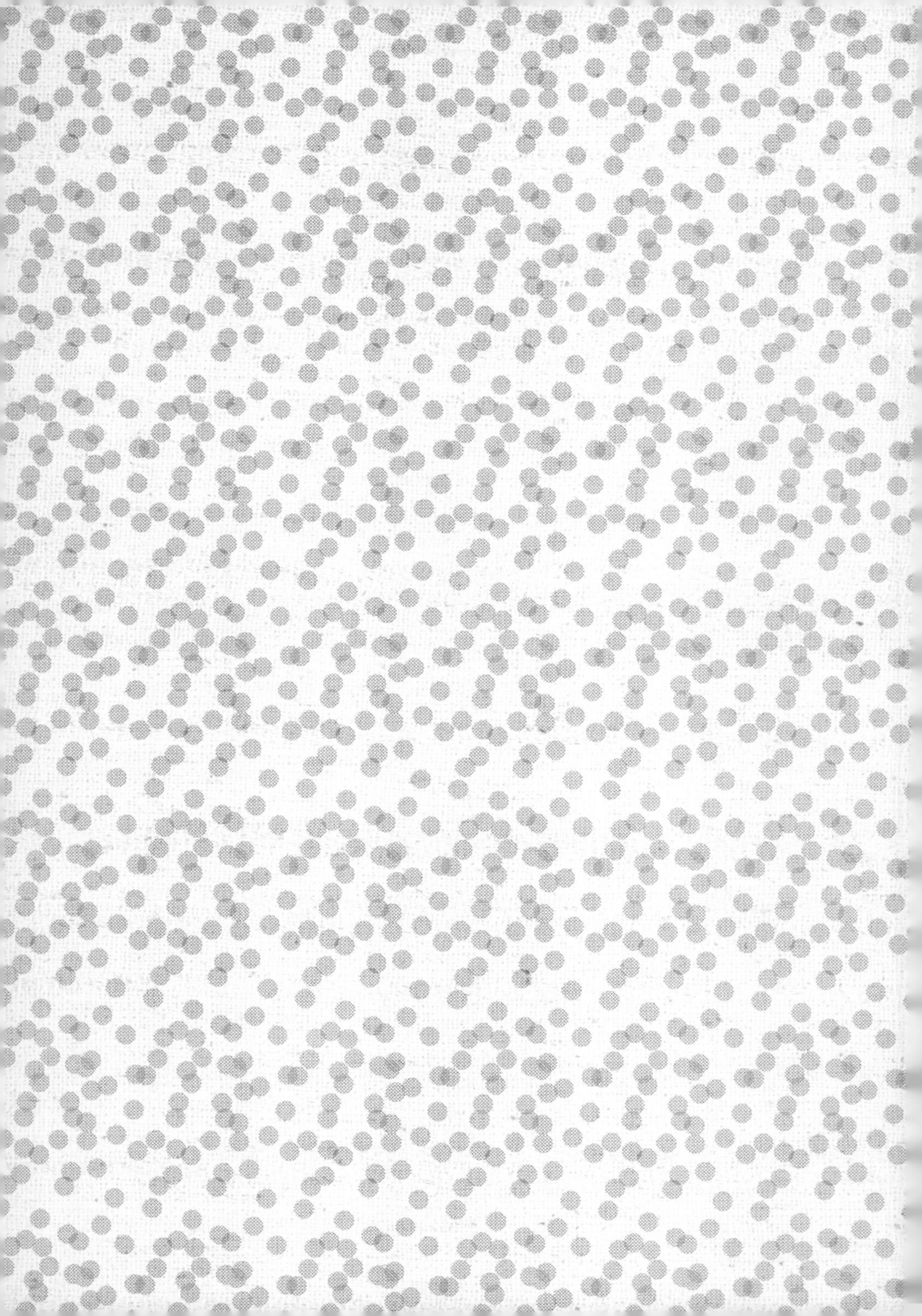

Part
2

해산물로 만든 솥밥

바지락, 등 푸른 고등어, 새우,
문어 등 바다에서 나는 진귀한
재료에는 모두 각자의 신선하고
향긋한 맛을 품고 있어요. 진한
양념을 더해 고유의 맛과 향을
해치기보다 신선한 재료를
찾는 데 더욱 신경 쓰면 해산물
자체만으로도 근사한 솥밥이
완성됩니다.

백김치오징어솥밥

어릴 때부터 냉장고에 늘 있는 재료 중 하나는 오징어예요. 엄마는 주로 칼칼한 오징어찌개나 오징어뭇국을 끓여주셨고 저는 오징어김치죽이나 오징어김치전을 만들어 먹었어요. 엄마와 제가 즐겨 만드는 요리가 좀 달랐거든요. 잡지 촬영이나 요리 수업을 진행하면서 다양한 솥밥을 만들게 되었는데 어려서부터 엄마와 제가 자주 요리에 사용한 오징어를 식재료로 백김치를 곁들이면 좋겠다 싶어 만들어봤어요. 오징어를 통으로 사용하면 모양은 예쁘지만 먹기에는 번거로워 처음부터 링 모양으로 썰어 솥밥을 하고 백김치와 오크라를 넣어 식감과 맛을 더해주었어요.

4인분

○ 쌀 2컵 ○ 물 2컵 ○ 오징어 2마리 ○ 백김치 2장 ○ 오크라 3개

양념 ○ 들기름 1Ts

1 쌀은 1시간 이상 물에 불린 후 채반에 건져 물기를 뺍니다.

2 오징어는 내장을 손질하고 깨끗하게 씻어 몸통은 링 모양으로, 다리는 잘게 썰어둡니다.

3 백김치는 먹기 좋게 잘게 썹니다.

4 오크라는 겉을 잘 씻어 송송 썰어주세요.

5 솥에 백김치와 들기름을 넣고 볶다 쌀을 넣어 2~3분간 더 볶습니다.

6 물을 붓고 오징어를 올려 밥을 합니다.

7 뜸들일 때 썰어놓은 오크라를 넣어 마무리합니다.

해산물프라이팬밥

솔밥에 자신감이 붙어 점점 다양한 재료를 왕창 넣어 밥을 하게
되었어요. 그러다 보니 너무 과하게 보이기도 하고 욕심쟁이가 된
느낌에 솥을 넣어두고 프라이팬으로 밥을 해보기로 했습니다.
프라이팬은 특성상 열 전도율이 무쇠솥만큼 좋지 않아 밥을 하면
바닥에 누룽지가 너무 많이 생기거나 솥밥만큼 윤기 도는 밥이
되지는 않더라고요. 그래서 들기름이나 참기름으로 쌀을 한번
볶은 뒤 바지락, 새우 등의 해산물을 더해 밥을 해보았습니다.
마치 한국식 파에야와 같은 느낌! 이건 완전히 와인 안주예요.
와인과 잘 어울리다 보니 프라이팬밥을 할 땐 꼭 와인을 꺼내게
돼요. 특히 친구들과 집에 모여 음식을 만들어 먹을 때 프라이팬밥
하나면 최고의 요리에 술안주가 됩니다. 프라이팬을 가운데 두고
옹기종기 모여 앉아 한 숟갈씩 떠먹으며 마시는 와인의 맛이란!
해산물프라이팬밥에 들어가는 재료 중 빼놓을 수 없는 것이
바지락이에요. 따로 육수를 준비하지 않아도 자연스레 바지락
국물이 쌀알에 스며들어 고소하고 감칠맛 나는 밥이 됩니다.
아, 프라이팬밥을 할 때는 꼭 프라이팬 크기에 맞는 유리 뚜껑을
준비해주세요! 그냥 뚜껑도 되지만 유리로 된 것이 요리 과정을
확인할 수 있어 좋더라고요. 세트로 사지 않아도 프라이팬용 유리
뚜껑만 인터넷에서 판매하고 있으니 참고하세요.

4인분 ○쌀 2컵 ○물 2컵 ○바지락 180g ○새우 4~5마리 ○관자 1개
양념 ○들기름 1Ts ○국간장 ½Ts ○소금·후춧가루 약간씩

1 쌀은 씻어 1시간 이상 물에 불린 뒤 채반에 건져 물기를 제거합니다.

2 바지락은 소금물에 넣어 어두운 곳에서 해감합니다.

3 새우는 잘 씻은 뒤 몸통 껍질을 제거합니다.

4 관자는 얇게 슬라이스해 소금, 후춧가루로 재워둡니다.

5 해감을 끝낸 바지락은 깨끗하게 씻어 준비합니다.

6 불린 쌀을 프라이팬에 들기름과 함께 볶다가 쌀알이 투명해지면 물과 국간장을 넣고 재료를 모두 올려 뚜껑을 덮어 센 불에서 3분 정도 끓입니다.

7 약한 불로 줄여 5분간 더 익히고 불을 끈 뒤 3분간 뜸을 들입니다.

아스파라거스관자솥밥

채소와 해산물을 많이 먹다 보니 둘의 조합을 생각하며 요리할 때가 많은데 솥밥을 하면서 유일하게 버터를 넣는 것이 바로 이 솥밥입니다. 밀가루를 좋아하지만 소화가 힘들어 자제하고, 버터와 생크림도 일부러 피하는 상황에서 수프나 파스타를 할 때에도 쓰지 않는 버터를 여기에는 꼭 넣을 정도로 딱 들어맞는 조합인 것이죠. 그리고 화이트 와인과의 조합도 굉장해요. 솥밥 대부분이 그렇지만 와인 안주로 참 좋으니 화이트 와인도 한잔 준비해 곁들여보세요. 해산물을 살 때에는 집에서 가까운 노량진 수산시장을 주로 이용합니다. 20년 된 단골집에서는 키조개 관자를 주문하면 "관자만 떼고 드릴까요, 통째로 드릴까요?"라고 물어보곤 하는데 관자만 살 때도, 통으로 살 때도 있습니다. 통째로 샀다면 내장은 버리고 관자 옆에 붙은 조갯살을 떼어내 된장찌개나 국 등에 잘게 썰어 넣어 활용합니다. 마트에서는 깨끗하게 손질된 관자를 판매하니 각자 편리한 방법으로 구매하세요.

4인분 ○ 쌀 2컵 ○ 물 2컵 ○ 관자 3개 ○ 아스파라거스 4줄기 ○ 버터 20g ○ 소금·후춧가루 약간씩

1 쌀은 씻어 1시간 이상 물에 불린 뒤 채반에 건져 물기를 제거합니다.

2 관자는 얇게 슬라이스해 소금, 후춧가루로 마리네이드한 뒤 냉장고에서 10분간 재웁니다.

3 아스파라거스는 필러로 겉껍질을 살살 벗긴 뒤 밑동을 제거하고 먹기 좋은 크기로 어슷하게 썹니다.

4 달군 팬에 버터를 두르고 관자와 아스파라거스를 살짝 볶습니다.

5 솥에 쌀과 물을 담고 밥을 짓다가 뜸들이기 직전에 볶은 관자와 아스파라거스를 올리고 뚜껑을 닫아 뜸을 들여 완성합니다.

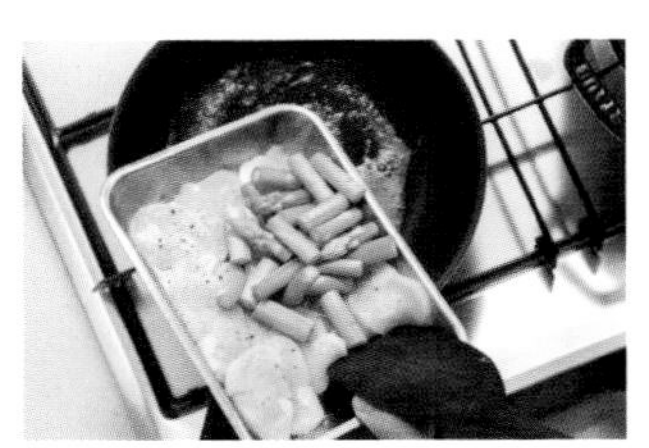

삼치레몬소금솥밥

보통 발효 음식이라고 하면 간장과 된장, 고추장, 김치, 장아찌 등을 떠올리기 마련이지요. 개인적으로는 채소와 해산물을 주로 요리하다 보니 소금을 사용해 발효 음식을 자주 만듭니다. 그중 가장 편하고 맛있게 만드는 방법이 있는데 레몬소금을 활용하는 것입니다. 레몬소금을 만드는 방법은 크게 두 가지가 있습니다. 하나는 레몬 겉껍질만 갈아 오븐에 구운 뒤 소금과 함께 볶아 분말 형태로 만드는 법, 다른 하나는 레몬과 소금을 함께 통으로 갈아 페스토 형태로 만드는 법입니다. 저는 주로 페스토 형태의 레몬소금을 만들어 쓰곤 해요. 믹서에 레몬 껍질과 소금을 갈면 처음에는 쓴맛이 올라오고 지나치게 짜다는 생각이 드는데 그대로 한 달간 냉장고에서 저온 발효시키면 은은한 단맛이 올라오는, 채소 요리 혹은 생선 요리와 만났을 때 최고의 시너지를 일으키는 레몬소금이 됩니다. 레몬소금을 넣고 밥을 해도 좋고 채소를 무치거나 수프에 넣는 등 다양하게 활용할 수 있어요.

4인분 ○쌀 2컵 ○물 2컵 ○삼치 150g ○레몬소금·미림 1Ts씩

미림이 없다면 안 넣어도 괜찮아요.

1 쌀은 씻어 1시간 이상 물에 불린 뒤 채반에 건져 물기를 제거합니다.

2 삼치는 가시를 제거한 뒤 기름을 두른 프라이팬에 앞뒤로 노릇하게 구웁니다.

3 솥에 쌀과 물을 담고 구운 삼치를 올려 밥을 짓습니다.

4 밥이 다 되면 레몬소금과 미림을 넣고 생선살을 살살 으깨 섞어 먹습니다.

미나리를 송송 썰어 올려도 좋아요.

레몬소금은 처음부터 넣으면 향이 날아가기 때문에 마지막에 더하는 것이 좋아요.

레몬소금 만들기

레몬 2개 기준 ○ 레몬 2개 ○ 소금 : 씨 뺀 레몬 무게의 8% 분량

이렇게 만들어두면 6개월은 충분히 먹을 수 있어요.

1 레몬은 통째 깨끗이 씻은 뒤 잘게 자르고 씨를 제거합니다.

2 씨를 제거한 레몬의 무게를 잰 뒤 무게의 8% 분량의 소금을 준비합니다.

3 레몬과 소금을 함께 믹서에 넣고 갈아 페스토 형태로 만듭니다.

4 밀폐 용기에 담아 냉장고에 넣고 한 달간 발효시킵니다.

메로솥밥

사실 저에게 메로라는 생선은 직장 다닐 때 로바타야키나 이자카야에 가서 먹는 술안주였어요. 그 시절 술안주로 나온 메로구이는 어찌나 부드럽고 고소하고 맛있는지 매번 가시만 앙상하게 남을 정도로 잘도 발라 먹었는데 이 생선을 집에서 요리하게 될 줄은 전혀 몰랐어요. 요즘에는 워낙 식재료가 편리하게 나오고 다양한 채널을 통해 구매할 수 있는데 메로도 한 덩이씩 바로 해동해서 먹을 수 있도록 판매하고 있어요. 집에서 메로를 구워 솥밥에 올려 먹으니 예전 이자카야 등에서 먹던 메로구이보다 2만 배쯤 더 맛있더라고요. 밥알 하나하나에 생선 기름이 스며들어 고소하면서도 부드럽고 폭신한 메로의 질감이 그대로 느껴져 다 먹고 나면 어느새 사라졌지 하는 아쉬움이 남아요.

4인분 ○쌀 2컵 ○물 2컵 ○메로 300g ○청귤 혹은 레몬 약간 ○다진 쪽파 2Ts
양념 ○맛간장 1Ts ○식용유 적당량 ○소금·후춧가루 약간씩

1 쌀은 씻어 1시간 이상 물에 불린 뒤 채반에 건져 물기를 제거합니다.

2 해동한 메로는 물기를 제거하고 소금과 후춧가루를 뿌려 식용유를 두른 팬에 구워요.

3 키친타월로 기름을 닦아낸 뒤 맛간장을 뿌려 간이 배어들도록 좀 더 굽습니다.

4 청귤 혹은 레몬은 얇게 썰어둡니다.

5 솥에 쌀을 넣고 물을 부어 밥을 짓다 뜸들일 때 구운 메로를 얹고 썰어놓은 청귤 혹은 레몬을 올립니다.

6 다진 쪽파를 듬뿍 뿌리고 메로 살을 주걱으로 살살 으깬 뒤 맛간장을 넣어 고루 섞어 먹어요.

냉이낙지솥밥

봄철 식재료인 냉이와 주꾸미를 이용한 솥밥을 자주 만들어 먹는데 주꾸미 대신 낙지를 넣어봤더니 질감도 부드럽고 냉이와의 궁합도 좋더라고요. 낙지를 비롯해 해산물은 사온 당일 먹을 것이 아니라면 손질해서 냉동실에 넣어두었다가 먹기 전 냉장고에서 해동하면 신선한 상태로 즐길 수 있어요.

솥밥에 넣는 채소는 미리 양념에 무치거나 볶아 함께 밥을 지으면 밥 자체에 슴슴하게 간이 배어 별도의 양념장 필요 없이 재료 그대로의 풍미를 즐길 수 있습니다. 냉이는 다듬는 데 손이 많이 가는데 요즘에는 손질된 냉이를 판매해 일이 반으로 줄어들어 더욱 편합니다.

4인분 ○ 쌀 2컵 ○ 물 2컵 ○ 냉이 150g ○ 낙지 3마리 ○ 소금 약간

냉이 양념 ○ 된장 1Ts ○ 참기름 1ts

1 쌀은 씻어 1시간 이상 물에 불린 뒤 채반에 건져 물기를 제거합니다.

2 냉이는 끓는 소금물에 15초가량 데친 뒤 채반에 건져 물기를 제거하고 2cm 길이로 자릅니다.

3 자른 냉이를 된장과 참기름으로 양념해 10분간 재웁니다.

4 낙지는 깨끗하게 손질해 4cm 길이로 자릅니다.

5 솥에 쌀과 물을 담고 냉이와 낙지를 올려 밥을 짓습니다.

멸치솥밥

언젠가 이자카야에서 처음 맛본 '시라스'. 반건조 멸치인 시라스는 일본에 가야 즐길 수 있거나 일본에서 수입해야 먹을 수 있는 식재료라고 생각했는데 최근 SNS에 심심찮게 반건조 멸치가 올라오더라고요. 촉촉한 질감에 목이 찔릴 일도 없어 아이들이 먹기에도 좋고 어른들의 술안주로도 좋아 냉동실에 항상 쟁여두고 싶은 식재료입니다. 이 멸치를 판매하는 홍명완 선장님은 저와는 일면식도 없는 분이지만 제품이 너무 좋아 주변에 홍보하고 있어요. '아들에게 안전하고 좋은 멸치를 주기 위해 아빠가 직접 만든 부드러운 멸치'라는 문구가 참 좋아요. 일본에서는 시라스로 주로 덮밥을 만들어 먹는데 달걀노른자가 올라가더라고요. 저는 아버지 건강에 달걀노른자가 썩 좋지 않아 대신 햇완두콩을 넣어 솥밥을 해보았는데 그 맛이 참 좋아 이후에도 종종 만들어 아버지와 오손도손 먹고는 합니다. 멸치솥밥을 마른 김에 싸서 간장에 찍어 먹으면 술안주로도 아주 그만입니다.

4인분

○쌀 2컵 ○물 2컵 ○표고버섯 1개
○반건조 멸치 50g ○완두콩 20g

1 쌀은 씻어 1시간 이상 물에 불린 뒤 채반에 건져 물기를 제거합니다.

2 표고버섯은 얇게 슬라이스합니다.

3 솥에 쌀과 물을 담고 멸치와 표고버섯, 완두콩을 올려 밥을 짓습니다.

바지락솥밥

저는 솥밥을 할 때 육수를 거의 사용하지 않는데 해산물프라이팬밥이나 바지락솥밥을 하다 보면 바지락 육수의 힘이 참 대단하다고 느껴져요. 바지락 육수는 어떤 재료와도 잘 어울리고 은은한 감칠맛이 입맛을 끌어올려 솥밥에 가장 잘 어울리는 육수라고 생각합니다. 깐 바지락을 넣을 수도 있지만 통으로 넣었을 때 나오는 육수가 바지락솥밥 맛의 90% 이상 차지하니 이왕이면 껍질째 넣어보세요. 재료도 다른 이것저것 넣는 것보다는 바지락만 넣어 바지락 자체의 맛과 향을 충분히 느껴보세요. 대신 바지락이 주재료인 만큼 해감은 확실히 해야 합니다.

4인분 ○쌀 2컵 ○물 2컵 ○바지락 300g

1 쌀은 씻어 1시간 이상 물에 불린 뒤 채반에 건져 물기를 제거합니다.

2 바지락은 반나절 이상 해감한 뒤 껍질까지 바락바락 깨끗하게 씻어냅니다.

3 솥에 쌀과 물을 담고 바지락을 올려 밥을 짓습니다.

김희종의 Tip

바지락은 채반에 건져 볼에 담고 물을 잠기게 부은 뒤 소금 2Ts과 스테인리스 숟가락을 넣고 검은 비닐봉지로 덮어주면 해감이 잘됩니다.

STAUB

고기를 많이 먹지 않는 아버지와 제가 기력을 보충하고 싶을 때 종종 만들어 먹는 솥밥입니다. 최근에는 대형 마트나 온라인 푸드 쇼핑몰에서 자숙문어를 쉽게 구입할 수 있어요. 문어 향이 은은하게 풍기는 문어솥밥은 양념장을 곁들이지 않고 그대로 향을 즐기며 먹어요. 대신 밥을 지을 때 간장을 함께 넣으면 문어의 풍미가 확 살아납니다. 큼직하게 툭툭 썰어 넣은 문어와 간장의 향이 구수하게 올라오며 식욕을 돋웁니다.

문어솥밥

120페이지 문어장비빔밥의 저염 간장을 사용하면 좋아요.

4인분

○ 쌀 2컵 ○ 물 2컵 ○ 자숙문어 100g
○ 저염 간장 1Ts

1 쌀은 씻어 1시간 이상 물에 불린 뒤 채반에 건져 물기를 제거합니다.

2 자숙문어는 먹기 좋은 크기로 자릅니다.

3 솥에 쌀과 물을 담고 자숙문어와 저염 간장을 더해 밥을 짓습니다.

취향에 따라 완성된 문어솥밥에 미나리를 더해 비벼 먹어도 좋습니다.

연어솥밥

이태원에서 식당을 할 때 신선한 생연어를
이용한 요리를 많이 선보였음에도 먹지 않을
만큼 연어를 별로 좋아하지 않아요. 웬만한
생선은 다 좋아하지만 연어와 참치처럼 기름진
생선은 제 취향이 아닌 듯합니다. 그런데
아버지는 연어를 좋아하셔서 연어회와 찜, 구이,
솥밥까지 다양한 연어 요리를 하는 요즘이에요.
연어로 솥밥을 지을 때에는 레몬간장을 만들어
곁들입니다. 상큼한 레몬간장의 맛에 비린내
없이 담백하게 솥밥을 즐길 수 있어요.

4인분

○ 쌀 2컵 ○ 물 2컵 ○ 생연어 200g ○ 무 50g ○ 식용유 약간

레몬간장 재료 ○ 레몬 껍질 1개 분량 ○ 국간장 1Ts

1 쌀은 씻어 1시간 이상 물에 불린 뒤 채반에 건져 물기를 제거합니다.

2 레몬은 껍질을 곱게 갈아 제스트를 만들어 국간장에 넣고 1시간 정도 그대로 둡니다.

3 달군 팬에 식용유를 살짝 두르고 연어를 앞뒤로 노릇하게 굽습니다.

4 무는 얇게 채 썹니다.

5 솥에 쌀과 물을 담고 연어와 무를 더해 밥을 짓습니다.

6 밥이 다 되면 연어살을 살살 으깨 섞은 뒤 레몬간장을 더해 비벼 먹습니다.

미나리나 쪽파, 부추 등을 송송 썰어 올려드세요.

미나리멍게솥밥

쿠킹 클래스에서 두릅멍게솥밥을 한 적이 있는데 멍게를 솥밥으로 만들어 먹는 것에 수강생들 모두가 놀라시더라고요. 멍게를 익혀서 먹는 멍게파스타는 많이 판매하고 먹어본 사람도 많은데 솥밥은 생소하셨나봐요. 멍게비빔밥을 워낙 좋아해 제철에 자주 먹는 편인데 식당에서 멍게비빔밥을 주문하면 멍게보다 야채가 많아 이게 야채비빔밥인지 멍게비빔밥인지 구별이 안 가 기분이 상할 때가 많아요. 그래서 싱싱한 멍게를 사와 집에서 만들어 먹는 게 제일 좋더라고요. 멍게와 참기름은 너무나 찰떡궁합이라 밥이 다 된 후에 깨소금과 참기름을 듬뿍 넣어 슥슥 비벼 먹으면 그야말로 봄이 입안에서 팡팡 터지는 느낌이에요.

4인분

○쌀 2컵 ○물 2컵 ○멍게 150g
○미나리 ⅓단 ○깨소금 1Ts
○참기름 1Ts

1 쌀은 씻어 1시간 정도 불린 후 채반에 건져 물기를 뺍니다.

2 멍게는 잘게 다집니다.

3 미나리는 2cm 길이로 썰어 준비합니다.

4 불린 쌀에 미나리를 얹고 가운데 소복하게 다진 멍게를 올려 밥을 합니다.

5 밥에 깨소금과 참기름을 넣어 함께 비벼 먹습니다.

Part
3

김희종의 맛있는 밥

가끔 처치 곤란한 밥이 있을 때
어떻게 먹을까 고민이라면 김희종
선생님의 맛있는 밥 레시피들을
살펴보세요. 약간의 변주로
보다 건강하고 맛있는 밥을
즐길 수 있답니다.

콩비지덮밥

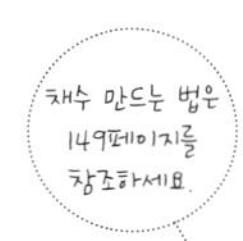

2인분

○ 불린 백태 1컵 ○ 배춧잎 5장 ○ 생표고버섯 3개
○ 채수 100ml ○ 밥 2공기
양념 ○ 생콩가루 1Ts ○ 소금 약간

1 백태는 하룻밤 물에 불린 뒤 채수와 함께 믹서에 넣고 곱게 갑니다.

2 배춧잎과 표고버섯은 0.5cm 두께로 얇게 썹니다.

3 썰어놓은 배춧잎과 표고버섯은 콩가루에 버무려 5분간 재웁니다.

4 냄비에 간 콩물을 담고 약한 불에서 끓이다 콩가루에 버무린 배춧잎과 버섯을 넣어 뚜껑을 연 채로 한소끔 끓입니다.

5 한소끔 끓으면 소금으로 간한 뒤 불에서 내리고 밥에 부어 먹습니다.

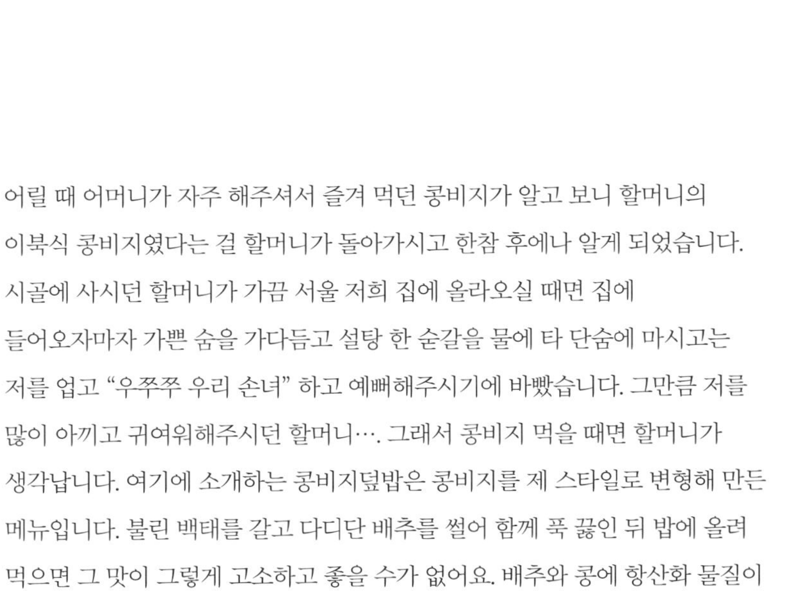

어릴 때 어머니가 자주 해주셔서 즐겨 먹던 콩비지가 알고 보니 할머니의 이북식 콩비지였다는 걸 할머니가 돌아가시고 한참 후에나 알게 되었습니다. 시골에 사시던 할머니가 가끔 서울 저희 집에 올라오실 때면 집에 들어오자마자 가쁜 숨을 가다듬고 설탕 한 숟갈을 물에 타 단숨에 마시고는 저를 업고 "우쭈쭈 우리 손녀" 하고 예뻐해주시기에 바빴습니다. 그만큼 저를 많이 아끼고 귀여워해주시던 할머니…. 그래서 콩비지 먹을 때면 할머니가 생각납니다. 여기에 소개하는 콩비지덮밥은 콩비지를 제 스타일로 변형해 만든 메뉴입니다. 불린 백태를 갈고 다디단 배추를 썰어 함께 푹 끓인 뒤 밥에 올려 먹으면 그 맛이 그렇게 고소하고 좋을 수가 없어요. 배추와 콩에 항산화 물질이 많아 심장이 안 좋은 아버지에게 자주 해드리는 메뉴이기도 합니다.

문어장비빔밥

'은밀한 밥상'을 운영할 때 저염 된장, 저염 간장을 만들어 요리에 활용하곤 했어요. 짠 음식과 강한 양념을 자제하다 보니 입맛이 더욱 예민하게 변하면서 재료의 맛에 집중할 수 있게 되었습니다. 모두가 새우장에 열광하던 때, 남들 다 하는 건 하기 싫은 마음에 소라장, 전복장 등 여러 해산물로 장을 담그다 문어장을 만들어보았어요. 이런저런 시도 끝에 저염 간장을 활용한 문어장이 탄생했고 반응도 아주 좋았어요. 문어장과 함께 곁들이는 백김치와 볶음새우의 조합을 꼭 느껴보길 바랍니다.

2인분

○ 자숙문어 300g ○ 청양고추 3개 ○ 홍고추 2개

문어장 저염 간장 ○ 양배추 120g ○ 사과·양파 60g씩 ○ 대파 흰 부분(10cm) 1대 ○ 건고추 1개 ○ 통마늘 2쪽 ○ 통생강 10g ○ 다시마 5×5cm 1장 ○ 설탕 60g ○ 진간장 300ml ○ 미림 100ml ○ 물 200ml

부재료 ○ 백김치 30g ○ 건새우 2Ts ○ 밥 2공기 ○ 깨소금 1Ts ○ 참기름 약간

1. 문어장 저염 간장의 모든 재료를 냄비에 담아 15분간 끓인 뒤 불을 끄고 상온에 그대로 두어 한 김 식힌 다음 냉장고에 넣어 차갑게 합니다.
2. 자숙문어는 얇게 썰고 청양고추, 홍고추는 송송 썹니다.
3. 자숙문어와 고추를 밀폐 용기에 담고 차가운 문어장 저염 간장을 재료에 부어 냉장고에서 하루 숙성시킵니다.
4. 백김치는 송송 썰어 물기를 꼭 짜고 건새우는 마른 프라이팬에 볶습니다.
5. 밥에 문어장 저염 간장 1ts과 깨소금, 참기름을 뿌린 뒤 얇게 썬 문어와 백김치, 건새우를 보기 좋게 올립니다.

김희종의
Tip

문어를 직접 삶아 만들면 더 좋겠지만 대형 마트 등에서 판매하는 국산 자숙문어를 구입해 만들면 간단합니다. 레시피에 사용하는 저염 간장은 간이 세지 않아 오래 두고 먹기엔 무리가 있어요. 냉장고에 보관해 일주일 정도 먹으면 좋아요.

고등어들기름비빔밥

건강이 좋지 않은 아버지를 모시고 병원에 다녀온 뒤 심장에 좋은 음식을 검색해보니 견과류와 연어, 녹황색 채소, 콩류, 등 푸른 생선 등이 나오더라고요. 이후 이런 식재료를 골고루 섭취할 수 있도록 메뉴를 짜느라 고심했는데 요즘은 고등어를 잘 구워 진공으로 포장한 제품들을 많이 볼 수 있어요. 집에서 매일 생선을 굽는다는 게 여간 번거로운 일이 아닌데 이미 조리된 제품을 활용하니 편하더라고요. 한번 구워 나오는 고등어로 비빔밥을 만들어보기도 하고 찜기에 쪄보기도 했는데 배춧잎을 깔고 찌면 그냥 찌는 것보다 훨씬 촉촉해 비벼 먹기에도 좋았습니다. 꼭 고등어가 아니더라도 냉장고에 쪄 먹을 만한 생선이 있다면 찜기에 찐 뒤 30분 정도 실온에서 꾸덕하게 말려 살만 발라 솥밥이나 비빔밥에 활용해보세요. 일반 생물 생선은 살이 잘 부스러져 찐 뒤 반드시 30분 정도는 말려 사용하는 것이 좋습니다. 저는 한 번 가공한 생선을 활용해 말리는 과정을 생략했습니다.

3인분 ○ 진공 고등어 2팩 ○ 배춧잎 3장 ○ 밥 3공기

부재료 ○ 오이 ½개 ○ 표고버섯 3개 ○ 소금 1ts ○ 들기름·식용유 적당량

1 안비고등어는 가시를 제거한 후 김이 오른 찜기에 배춧잎을 깔고 올려 5분 정도 찝니다.

2 오이는 얇게 썰어 소금을 넣고 버무린 뒤 10분간 절입니다.

3 절인 오이는 물에 헹군 뒤 물기를 꼭 짭니다.

4 표고버섯은 얇게 슬라이스하고, 절인 오이와 함께 달군 팬에 들기름과 식용유를 1:1로 넣고 부드러워질 때까지 볶습니다.

5 밥에 고등어와 오이, 표고버섯을 올리고 들기름을 살짝 더해 비벼 먹습니다.

장아찌비빔밥

냉장고에 항상 장아찌 몇 가지를 보관해두고 딱히 반찬이 없을 때 잘게 썬 장아찌에 다른 채소 한두 가지를 더해 들기름과 깨소금을 뿌려 비벼 먹으면 그게 또 별미이지요. 제가 만든 간장 장아찌는 몇 년 묵힌 짠맛이 아니어서 비벼 먹기에도 부담이 없어요. 쿠킹 클래스에서 반찬으로 장아찌를 몇 번 냈더니 장아찌 만드는 법을 가르쳐달라는 수강생들의 요청이 빗발쳐 장아찌 수업을 하고 있어요. 장아찌라는 게 바로 다음 날 먹을 수 있는 것도, 몇 개월을 기다려야 제대로 맛이 드는 것도 있다 보니 수업 준비가 어려운 부분도 있지만 1년에 두세 번은 장아찌 수업을 하려고 노력 중입니다. 제가 알려드리는 레시피만 있다면 어떤 장아찌도 다 맛있게 만들어 드실 수 있어요.

① 장아찌 간장 만들기

○ 물 1.5L ○ 무 350g ○ 양파 1개 ○ 건고추 4개
○ 다시마 5×5cm 1장 ○ 진간장 700ml
○ 매실청·식초 250ml씩 ○ 설탕 250g

1 냄비에 물과 무, 양파, 건고추, 다시마를 넣고 20분간 끓이다 진간장, 매실청, 식초, 설탕을 넣어 5분간 더 끓입니다.

장아찌 간장이 완성되면 좋아하는 채소에 부어 냉장고에 하루 두었다 먹어요.

② 장아찌비빔밥 1인분

○ 장아찌 2~3가지 적당량 ○ 국간장 ½Ts
○ 들기름·깨소금 약간씩 ○ 밥 1공기

1 장아찌를 얇게 저며 썹니다.

2 밥에 들기름을 두르고 장아찌를 올립니다. 잎채소가 있으면 더해도 좋아요.

3 국간장과 깨소금을 더해 비벼 먹습니다.

구운호두
레몬된장주먹밥

기분이 너무 가라앉을 때 매운 음식으로 푸는 이들도
있지만 매운 음식을 못 먹는 저는 대신 단순하지만
손이 많이 가는 요리를 하며 스트레스를 풀어요.
장아찌를 담그거나 잼 또는 레몬된장을 만드는 등
시간이 걸리는 일을 일부러 하는 거죠. 레몬된장은 제
레시피 중에서도 꽤나 생소한 메뉴인데요, 잼을 만드는
과정과 비슷합니다. 채소나 해산물을 레몬된장에 살짝
버무려 먹으면 입맛을 돋우고 산뜻한 맛에 기분이
좋아져요. 개인적으로 스트레스를 받을 때는 신맛을
즐기는 취향이기도 하고요. 호두와 자투리 채소를 송송
썰어 레몬된장과 함께 주먹밥으로 뭉쳐내 몽글몽글한
순두부를 곁들여 먹으면 꼭 금방 온천물에서 나온
것처럼 몸이 나른하게 풀리곤 합니다.

1인분 ○호두 2Ts ○참기름 1Ts ○레몬된장 2ts ○밥 1공기

1 호두는 잘게 다집니다.

2 밥에 다진 호두와 참기름, 레몬된장을 넣고 골고루 섞은 뒤 주먹밥을 빚어 먹습니다.

냉장고에 자투리 채소가 있다면 잘게 썰어 더해도 좋아요.

레몬된장 만드는 법

레몬 5개 기준 ○ 레몬 5개 ○ 백된장 90g ○ 설탕 3Ts ○ 청주 1Ts

1 레몬은 껍질째 깨끗이 씻어 물기를 제거한 뒤 노란 껍질 부분을 제스트 형태로 갈아둡니다.

2 레몬의 씨를 제거하고 레몬즙을 짭니다.

3 냄비에 청주를 제외한 모든 재료를 넣고 약한 불에서 30분 정도 끓입니다. 타지 않도록 수시로 저어주며 불에서 내리기 5분 전에 청주를 넣고 잘 섞어 한소끔 더 끓입니다.

레몬된장은 냉장고에서 6개월간 보관이 가능합니다.

가지라구덮밥

식당을 몇 년 운영해보니 제철 식재료로 식사 메뉴를 만든다는 게 정말 어려운 일이더라고요. 어느 해 여름, 가지를 이용한 시즌 메뉴를 만들려고 보니 한식의 가지 요리는 몇 가지 없었어요. 서양 요리에선 참 맛있고 다양하게 활용되는 가지가 한식에선 쓰임이 왜 이렇게 제한적일까 안타까웠습니다. 그래서 한식으로 한 그릇 요리를 만드는 것은 포기하고 라구 소스로 활용하기로 했습니다. 토마토와 가지의 궁합이 좋아 두 가지가 같이 들어가는 요리를 만들고 싶었거든요. 레시피처럼 식물성 고기를 사용하면 맛있는 채식 한 끼가 되고 원래 라구 소스처럼 소고기와 돼지고기 다짐육을 사용하면 풍성한 요리가 되지요. 가지라구덮밥이라고 하면 가지를 잘게 다져 넣는다고 생각하겠지만 가지의 맛을 더 풍부하게 즐기고 싶어 가지를 따로 고추기름에 구워 라구 소스와 섞었어요. 그랬더니 생각지 못했던 맛이 나 매우 만족스러워한 메뉴입니다. 국이나 찌개처럼 라구 소스도 대용량으로 끓여야 더욱 맛있어요. 식구가 적다면 한번에 많이 끓여 1인분씩 소분해 냉동실에 넣어두고 먹기 전에 냉장고에서 해동해 데워 드세요. 정통으로 끓이려면 들어가는 재료가 너무 많으니 집에서도 쉽게 끓일 수 있는 간소화된 레시피를 소개합니다.

4인분 ○ 홀토마토 800g ○ 식물성 고기 150g(혹은 소고기 다짐육 50g, 돼지고기 다짐육 50g) ○ 양파 150g ○ 셀러리·당근 120g씩 ○ 마늘 3쪽 ○ 식용유 약간 ○ 물 200ml ○ 레드 와인 200ml(생략 가능) ○ 소금·설탕 1Ts씩 ○ 후춧가루 1ts ○ 밥 4공기

가지구이 ○ 가지 1개 ○ 고추기름 1Ts

1 홀토마토는 잘 으깨놓습니다.

2 식물성 고기는 잘게 다집니다.

3 양파, 셀러리, 당근은 잘게 다집니다.

4 마늘은 얇게 슬라이스합니다.

5 식용유를 두른 팬에 고기를 볶다가 다진 채소를 넣어 5분간 볶습니다.

6 홀토마토와 물, 레드 와인을 더해 중간중간 바닥까지 잘 저어주며 30분간 끓인 뒤 소금, 설탕, 후춧가루로 양념합니다.

7 가지는 길게 잘라 고추기름을 두른 팬에 앞뒤로 노릇하게 굽다 만들어놓은 라구 소스를 한 국자 부어 가지가 부드러워질 때까지 볶아 완성합니다.

8 그릇에 밥을 담고 가지라구 소스를 올립니다.

채 썬 깻잎을 곁들이면 더욱 향긋해요.

고추기름 만들기

○ 식용유 1.5L ○ 건고추 8개 ○ 통생강 1알 ○ 다진 마늘 4Ts ○ 대파 흰 부분(10cm) 3대 ○ 고춧가루 7Ts ○ 청양고추 2개

모든 재료를 냄비에 넣고 약한 불에 15분간 끓인 후 식혀 채반에 거르면 완성입니다. 많은 재료를 넣고 한꺼번에 끓여야 깊은 맛의 고추기름을 완성할 수 있어요. 식혀서 냉장고에 두면 3개월간 보관 가능합니다.

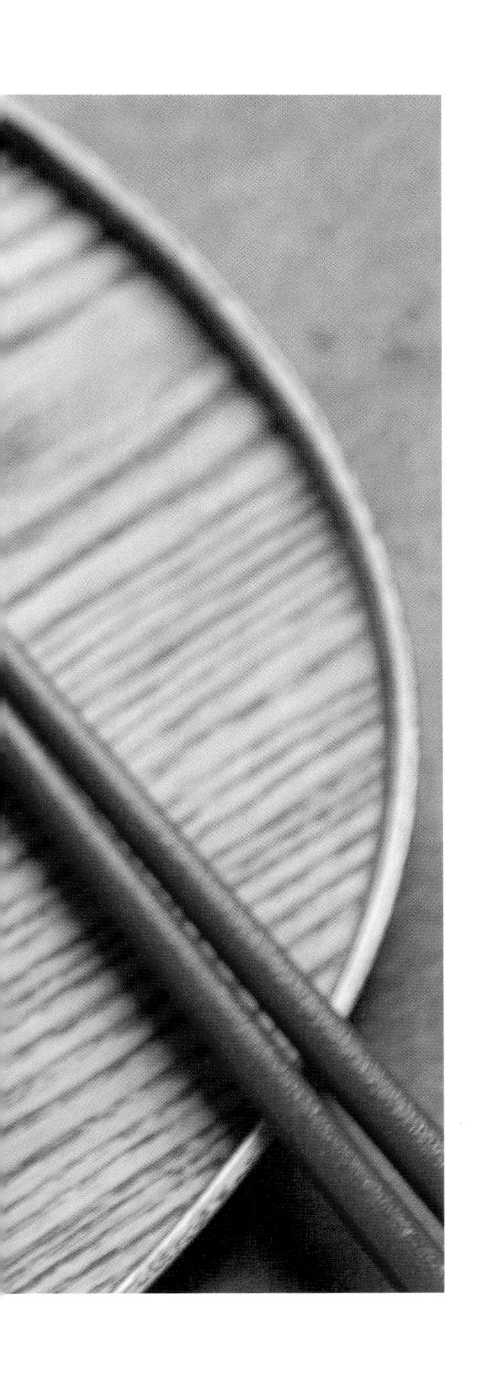

명란브로콜리밥

작년에 제주도로 출장을 간 적이 있는데
혼자 17인분 식사를 한꺼번에 만들기에
어떤 메뉴가 좋을까 고민하다 한 끼는
양식, 한 끼는 한식으로 메뉴를 짰어요.
평소 회사 업무에, 집안일에 지친
분들이 제주에서 필라테스로 힐링을
하고 건강하고 맛있는 식사를 하며
휴식을 취하는 워크숍이었어요. 푹 삶은
브로콜리에 볶은 버섯, 제철 채소를
넣어 파스타를 만들었는데 여러 명이
한꺼번에 먹기에 너무 좋은 메뉴였어요.
브로콜리를 삶아 잘게 다지고 원하는
재료를 넣어 어느 날은 한식으로 또
다른 날은 양식으로 다양하게 요리할 수
있어 자주 사용하는 재료예요.

2인분 ○ 브로콜리 100g ○ 명란 50g ○ 참기름 1Ts ○ 밥 2공기

1 브로콜리는 깨끗이 씻어 적당한 크기로 잘라 끓는 소금물에 넣어 3분간 데치고 물기를 제거합니다.

2 명란은 껍질을 갈라 칼로 알만 살살 긁어냅니다.

3 브로콜리를 잘게 다져 명란과 참기름을 넣고 잘 섞습니다.

4 밥에 명란브로콜리를 올립니다.

청양고추
된장크림닭고기덮밥

'은밀한 밥상'을 준비하면서 어떤 요리를 해야겠다는 특별한 콘셉트는 없었지만 한식 식재료를 다양하게 활용해야겠다는 생각은 하고 있었어요. 그래서 간장, 고추장, 된장 세 가지를 이용한 덮밥을 만들어 선보였는데 그중 하나가 바로 이 메뉴입니다. 새로운 맛으로 입소문을 탔는지 인기가 많아지고 찾는 손님도 늘어 큰 회사의 R&D팀이나 다른 식당에서 벤치마킹하러 오기도 했어요. 저는 주변 요리사들에게 레시피를 공유하거나 만드는 법을 물어보는 손님에게 비법을 알려주는 데 거리낌이 없어 다른 곳에서 제 메뉴를 카피해도 별로 신경을 안 써요. 그렇게 모두 오픈해도 제가 만든 음식과 같은 맛이 나지 않는다는 것을 알기 때문이지요. 자만심이 아니라 레시피는 처음 만든 사람이 제일 잘 아는 법이니까요. 그래서 쿠킹 클래스에서도 은밀한 밥상의 인기 메뉴 레시피를 공개하고 있어요. 하나라도 도움이 되어 모두가 잘되면 좋다고 생각합니다.

2인분

○ 닭가슴살 300g ○ 브로콜리 80g
○ 양파 70g ○ 청양고추·홍고추 1개씩
○ 생크림 500g ○ 백된장 4Ts
○ 식용유 적당량 ○ 밥 2공기
닭가슴살 양념 ○ 미림 1Ts ○ 백후춧가루 ½Ts
○ 다진 마늘·소금 1ts씩

1 닭가슴살은 0.5mm 두께로 슬라이스한 뒤 고루 섞은 닭가슴살 양념에 1시간 정도 재웁니다.

2 브로콜리는 먹기 좋은 크기로 썰어 끓는 소금물에 15초간 데친 뒤 물기를 제거합니다.

3 양파는 얇게 슬라이스하고 청양고추와 홍고추는 잘게 다집니다.

4 냄비에 생크림과 백된장을 넣어 곱게 푼 뒤 불에 올려 한소끔 끓어오르면 불을 끄고 한 김 식힙니다.

5 달군 팬에 식용유를 두르고 약한 불에서 재운 닭가슴살을 굽습니다. 반대편을 뒤집어 구울 때 양파와 브로콜리를 넣어 한쪽에서 노릇하게 같이 볶습니다.

6 팬에 된장크림과 다진 고추를 넣고 섞어 한소끔 끓인 뒤 불에서 내립니다.

7 밥에 올려 마무리합니다.

엄마의 카레라이스

어머니의 요리 하면 이상하게 된장찌개도, 김치찌개도 아닌 카레라이스가 먼저 떠오릅니다. 당신은 고기도 잘 안 드시면서 떡볶이에도 한우를 넣고 된장찌개는 한우로 갈비탕을 끓이듯 육수를 내 만들어주셨어요. 카레를 만들 때에도 좋은 등심을 사다가 요리를 하셨지요. "무슨 카레에 이렇게 좋은 고기를 넣느냐" 하고 타박하곤 했는데 지나고 보니 가장 좋은 고기를 가족에게 먹이고픈 어머니의 마음이란 걸 알게 되었습니다. 어머니의 음식이 제철 식재료로 만든 균형 잡힌 요리도, 세련된 담음새도 아니었지만 그저 가족들을 생각하는 한결같은 마음이란 걸 그때는 왜 몰랐는지 후회가 될 따름이에요.
어머니의 카레는 어머니의 레시피 그대로 따라 해도 그 맛이 안 나요. 이상하게 어머니의 요리는 다 그래요. 양파 캐러멜라이징도 없이 감자와 양파, 당근, 고기를 큼지막하게 썰어 툭툭 한꺼번에 볶아 물을 넣고 끓이다 오뚜기 카레로 마무리하는 게 전부예요. 감자가 부서지지 않게 모서리를 둥글게 깎아야 하는데 그런 것도 생략해 끓이다 보면 감자 모서리가 부서져 카레가 더 걸쭉해져요. 어머니의 카레는 왜 걸쭉한가 싶었는데 나중에 제가 만들어보니 그 이유였어요. 그렇게 걸쭉하게 끓인 카레를 건더기 듬뿍 담아 한 국자 떠 맛보라며 주시면 밥도 없이 그릇째 들고 먹고는 했어요. 어머니의 요리가 어머니가 가족과 하는 유일한 소통이라는 걸 이제야 알게 되었습니다.

큰 냄비에 넉넉히
넣고 끓여야
맛있는 카레가
됩니다.

4인분

○ 돼지고기 등심 150g ○ 감자·당근·양파 1개씩
○ 오뚜기 카레 약간 매운맛 1봉지 ○ 물 400ml ○ 식용유 적당량 ○ 밥 4공기

1 돼지고기 등심과 감자, 당근, 양파는 깍둑썰기합니다.

2 냄비에 식용유를 두르고 재료를 살짝 볶습니다.

3 볶은 재료에 물을 부어 10분 정도 끓인 뒤 카레가루를 넣어 고루 섞습니다.

4 카레가루가 섞이면 약한 불에서 10분 정도 뭉근히 끓인 뒤 밥에 올립니다.

봄채소밥

2월 말 꽃샘추위가 시작될 무렵부터 봄나물이 한창입니다. 그래서 날은 아직 추워도 몸은 자꾸 봄 채소를 기다리게 됩니다. 겨우내 언 땅을 비집고 나오는 강한 생명력이 어찌 보면 놀랍고 신기하기까지 합니다. 그렇게 생명력이 강한 봄나물을 먹으면 내 몸도 건강해질 것 같은 느낌이 들기도 해요.

봄채소무침은 보통 된장 무침, 간장 무침, 고추장 무침 세 가지를 기본으로 해 강된장과 참기름에 초고추장 양념까지 한꺼번에 밥에 넣어 비벼 먹고는 하지요. 제가 소개하는 봄채소밥은 재료의 맛을 잘 느낄 수 있도록 밥에 나물을 하나하나 맛보기 좋게 올려 섞어 먹지 않도록 만든 것입니다.

나물을 무칠 때 소금을 넣은 끓는 물에 데친 뒤 찬물에 헹궈 물기를 꽉 짜내는데 찬물에 헹구는 과정에서 나물의 맛과 영양소가 빠져나갈 수 있어요. 데친 나물은 찬물에 헹구기보다는 채반에 올려 식힌 후 남은 물기를 살짝 짜내는 정도가 좋습니다.

2인분

○ 냉이·섬초·두부·은달래(달래로 대체 가능) 50g씩
○ 두릅 80g ○ 아스파라거스 2줄기 ○ 당근 30g ○ 밥 2공기
양념 ○ 생들기름·레몬된장·참기름·국간장·깨소금 적당량
○ 소금·후춧가루·식용유 적당량

각각의 채소에 양념을 살짝 묻힌다는 느낌으로 넣어주셔야 조화롭게 어울립니다.

레몬된장 만드는 법은 129페이지를 참조하세요.

1 냉이, 섬초, 두릅, 아스파라거스는 끓는 소금물에 살짝 데친 뒤 건져 한 김 식혀 물기를 가볍게 짜냅니다.

2 두부는 칼등으로 곱게 으깨주세요.

3 냉이는 소금과 들기름을 넣고 조물조물 무칩니다.

4 두릅은 레몬된장에 조물조물 무칩니다.

5 섬초는 으깬 두부를 더해 소금, 참기름과 함께 조물조물 무칩니다.

6 아스파라거스는 소금, 후춧가루를 넣고 무칩니다.

7 달래는 손질해 국간장과 깨소금에 무칩니다.

8 당근은 가늘게 채 썰어 달군 프라이팬에 식용유를 두르고 소금으로 간해 볶습니다.

9 밥에 손질한 재료들을 보기 좋게 올립니다.

들깨시래기덮밥

들깨와 시래기는 제가 요리할 때 자주 사용하는 식재료로 이 두 가지가 모두 들어간 들깨시래기덮밥은 그만큼 좋아하고 자주 만들어 먹는 메뉴입니다. 육수를 좀 더 넉넉히 잡아 들깨시래기지짐으로 만들어 먹기도 하는데 아무래도 들깨가 들어가 더 고소한 만큼 살짝 느끼할 수도 있어 때에 따라 청양고추를 다져 넣기도 하고 순두부를 더해 부드럽게 즐기기도 합니다. 취향에 따라 만들어보세요.

2인분

○ 삶은 시래기 120g ○ 들깨가루 2Ts ○ 된장 1Ts
○ 멸치육수 500ml ○ 소금 약간 ○ 밥 2공기

1 시래기는 푹 삶은 뒤 물기를 꼭 짜고 2cm 길이로 자릅니다.
2 시래기에 들깨가루와 된장을 넣어 버무립니다.
3 멸치육수에 시래기를 넣고 한소끔 끓인 뒤 소금으로 부족한 간을 하고 불에서 내립니다.
4 밥을 그릇에 담고 들깨시래기를 보기 좋게 얹어냅니다.

3종 주먹밥

① 토마토조림주먹밥

토마토조림은 토마토잼과 토마토 페이스트의 중간 정도의 맛입니다. 저는 토마토조림에 유기농 비정제 설탕인 무스코바도 설탕을 사용하는데 사탕수수의 향과 풍미가 느껴져 음식에 넣었을 때 일반 설탕과 그 맛이 조금 달라요. 이 레시피는 일반 토마토를 기준으로 계량해 짭짤이 토마토나 방울토마토를 사용하면 맛이 달라질 수 있습니다.

2인분

○ 완숙 토마토 1개 ○ 밥 2공기
○ 무스코바도 설탕 토마토 무게의 30%

1 토마토는 꼭지를 떼어내고 윗면에 십자로 칼집을 낸 뒤 끓는 물에 살짝 데쳐 껍질을 제거합니다.

2 믹서에 토마토를 넣고 곱게 갑니다.

3 간 토마토를 냄비에 담고 무스코바도 설탕을 넣어 약한 불에서 잘 저어가며 끓입니다. 토마토의 물기가 졸아들면 불에서 내려 한 김 식힙니다.

4 식은 토마토조림과 밥을 잘 섞어 주먹밥을 만듭니다. 기호에 따라 참기름을 더해도 좋아요.

② 연근된장주먹밥

연근된장은 쿠킹 클래스 발효 수업 때 선보인 메뉴입니다. 사각사각 씹히는 연근의 식감이 좋아서 겨우내 만들어 냉장고에 넣어두고 쌈장처럼 쌈채소와 먹기도 하고 따뜻하게 데운 순두부에 올려 먹기도 합니다. 또 주먹밥을 만들어 먹기에도 좋고 그대로 물에 풀어 국을 만들어 먹어도 맛있어요.

2인분 ○연근 50g ○청양고추·홍고추 1개씩 ○된장 2Ts ○미림 3Ts ○청주 1Ts ○들기름 1ts ○밥 2공기

1 연근과 청양고추, 홍고추는 잘게 다집니다.

2 다진 채소와 된장, 미림, 청주를 팬에 넣고 약한 불에서 끓이다 거품이 생기면 불을 끕니다.

3 한 김 식힌 연근된장과 들기름을 밥에 넣고 잘 섞은 뒤 주먹밥을 만듭니다.

연근된장을 넉넉히 만들어 한 김 식힌 뒤 밀폐 용기에 담아 냉장고에 보관하면 한 달간 먹을 수 있어요.

③ ········ 오이절임주먹밥

소금에 절인 오이는 요리에 사용하기도 쉽고 맛도 있는 재료 중 하나예요. 아래 레시피의 양념에서 들기름만 제외해 오이절임을 만들어놓으면 샌드위치나 감자샐러드, 반찬 등으로 다양하게 활용하기 좋아요. 주먹밥으로 만들 때에는 들기름이나 참기름을 살짝 더해 부드러운 된장국과 함께 먹으면 간단한 아침 식사나 도시락으로 좋은 메뉴가 됩니다.

2인분

○ 오이 1개 ○ 소금 1ts ○ 설탕 1ts ○ 매실 효소 1ts
○ 들기름 1ts ○ 밥 2공기

1 오이는 얇게 슬라이스합니다.

2 오이에 소금과 설탕을 뿌려 10분간 절인 뒤 가볍게 물기를 짜냅니다.

3 밥에 절인 오이와 매실 효소, 들기름을 넣고 고루 섞은 뒤 주먹밥을 만듭니다.

Part
4

김희종의 맛있는 국물

깔끔한 채수와 큼직하게 썰어
넣은 재료들로 만든 김희종
선생님의 국물 요리는
그 자체로 밥이 될 것 같은 든든한
메뉴들입니다. 자극적이지 않아
편히 먹을 수 있고 채수만 넉넉히
준비하면 금방 만들어낼 수 있는
국물 요리들을 소개합니다.

채소국밥

'은밀한 밥상'에서 여름 보양식 시즌 메뉴로 채개장을 판매했어요. 보양식이란 메뉴를 보고 들어온 손님들은 채소 줄기만 가득 들어 있는 것을 보고 처음에는 실망했다가 식사를 마치고 난 뒤에는 땀을 흘리며 잘 먹었다는 인사까지 하고 나가곤 했습니다. 시즌 메뉴로 끝내려던 채개장이 생소해서 그런지 여러 방송과 잡지에 소개되면서 스님이나 채식주의자는 물론이고 일반 손님들도 많이 찾게 되었습니다.

채개장은 건나물을 불려 끓이는데 나물마다 삶는 시간도, 삶고 난 뒤 물에 담가두는 시간도 제각각이라 손이 아주 많이 가는 요리예요. 식당을 그만둔 후에도 집에서 몇 번 끓여 먹었는데 식당에서 들통에 한가득 끓일 때의 그 맛이 안 나 그 뒤론 끓여 먹지 않아요. 어느 날 냉동실을 정리하다 보니 비닐봉지 안에 넣어둔 우거지가 있어 고민하다 만든 게 채소국밥입니다. 채개장보다 간단하지만 그래도 손이 조금은 가는 편이에요. 채소국밥에는 시래기나 얼갈이보다는 우거지가 딱 어울립니다.

배추를 사면 보통 겉잎은 떼어 버리는데 겉잎만 모아 데친 뒤 한번 끓여 먹기 좋은 분량으로 소분해 냉동실에 넣어두면 요긴하게 사용할 수 있습니다.

4인분 ○ 채수 1.5L ○ 무 150g ○ 느타리버섯 80g ○ 건표고버섯 1개 ○ 우거지 150g

양념 ○ 고춧가루·국간장 2Ts씩 ○ 고추기름 1Ts ○ 밥 4공기

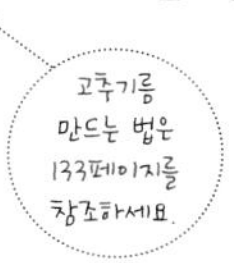

1 무는 얇게 나박나박 썰고 느타리버섯은 먹기 좋은 크기로 찢어놓습니다. 물에 불린 표고버섯은 얇게 썹니다.

2 느타리버섯과 표고버섯, 우거지를 볼에 담고 양념을 더해 조물조물 버무려 10분간 재워둡니다.

3 냄비에 채수를 담고 무와 재워둔 채소를 넣어 10분간 끓입니다.

4 그릇에 밥을 담고 채소국을 부어 먹습니다.

채수 만들기

○ 물 1.8L ○ 무 180g ○ 건표고버섯 3개
○ 다시마 5×5cm 3장

1 냄비에 채수 재료를 모두 넣고 센 불에서 10분간 끓인 후 다시마는 건져냅니다.

2 약한 불로 줄여 10분간 더 끓입니다.

우엉들깨탕

연근이나 우엉 등의 뿌리채소로 국물을 만들어 먹는 걸 좋아하는데 몸이 따뜻해져 주로 찬바람 불 때 자주 찾게 되더라고요. 사찰에선 들깨를 국에 넣어 채소와 함께 원기회복용으로 먹는다고 하니 우리 몸에 좋은 궁합이다 생각해 수시로 먹게 되나봐요. 미나리나 콩나물을 넣으면 시원하게 먹기도 좋고 간이 세지 않아 수프처럼 아침에 빵과 함께 먹기에도 부담 없어 좋아요.

4인분

○ 우엉 1개 ○ 채수 내고 남은 건표고버섯 5개 ○ 백만송이버섯 100g
○ 미나리 50g ○ 들기름·식용유 ½Ts씩 ○ 채수 1.5L

양념 ○ 들깨가루 3Ts ○ 국간장 2Ts ○ 소금 1ts

채수 만드는 법은 161페이지를 참고하세요.

1 우엉은 깨끗하게 씻어 칼등으로 껍질을 벗긴 뒤 한입 크기로 자릅니다.

2 표고버섯은 잘게 자릅니다. 채수를 내고 남은 건표고버섯을 버리지 않고 사용하면 따로 불릴 필요도 없고 좋습니다.

3 백만송이버섯은 밑동을 자르고 미나리는 손질해 4cm 길이로 자릅니다.

4 채수를 냄비에 담아 약한 불에서 끓입니다.

5 팬에 들기름과 식용유를 넣고 표고버섯과 우엉을 볶습니다.

6 채수가 끓어오르면 볶은 표고버섯과 우엉, 백만송이버섯을 더해 끓입니다.

7 한소끔 끓인 뒤 들깨가루를 넣고 간장을 넣습니다.

8 겉물이 돌지 않게 충분히 끓으면 마지막에 미나리를 넣고 부족한 간은 소금으로 합니다.

견과류된장찌개

보통의 된장찌개와 달리 걸쭉한 강된장 스타일로 국물보다는 건더기가 풍성해 밥에 비벼 먹기 좋은 메뉴입니다. 견과류는 세 가지 정도 넣는 것이 좋은데 저는 보통 호두와 잣, 호박씨를 사용해요.

강판에 간 감자를 넣어 농도를
조절하는 레시피입니다.
취향에 따라 양을 가감해
더 걸쭉하거나 연하게 조절해
만들어보세요. 감자를 안 넣으면
걸쭉한 느낌이 나지 않습니다.

채수 만드는 법은
149페이지를
참고하세요.

4인분

○ 채수 700ml ○ 채수 내고 남은 건표고버섯 3개 ○ 감자 1개 ○ 애호박 ½개
○ 두부 ½모 ○ 견과류 ½컵 ○ 청양고추 1개 ○ 들기름 ½Ts
양념 ○ 된장 2Ts

1 냄비에 채수를 부어 약한 불에서 끓입니다.

2 표고버섯과 감자 ⅔개, 애호박, 두부는 작게 깍둑썰기합니다.

3 남은 감자는 강판에 곱게 갑니다.

4 견과류는 비닐봉지에 넣어 밀대로 밀거나 칼로 잘게 다지고, 청양고추는 잘게 다집니다.

5 달군 팬에 들기름을 두르고 감자, 표고버섯, 애호박 순으로 볶습니다.

6 볶은 표고버섯과 감자, 애호박을 채수에 넣어 끓입니다.

7 재료가 어느 정도 익으면 된장과 갈아놓은 감자, 두부를 넣어 한소끔 끓입니다.

8 불을 끄고 견과류와 청양고추를 넣어 완성합니다.

채소된장국

쿠킹 클래스에서 생크림이나 밀가루 없이 채소, 소금만으로 맛을 내는 담백한 채소수프를 소개했어요. 채소된장국은 이 채소수프를 응용한 것으로 계절에 나는 제철 채소를 활용하면 더 좋아요. 여름철에 초당옥수수를 넣으면 단맛도 더해지고 옥수수와 연한 백된장의 조합이 아주 좋으니 꼭 한번 시도해보세요.

4인분

○ 육수 1.2L ○ 단호박 350g
○ 감자·옥수수·당근 ½개씩
○ 백된장 1Ts ○ 소금 약간

육수 ○ 물 1.5L ○ 양파 1개 ○ 무 120g
○ 대파 흰 부분(10cm) 1대
○ 건표고버섯 5개 ○ 건새우 30g

1 냄비에 육수 재료를 모두 담고 중약불에서 20분간 끓여 육수를 만듭니다.

2 육수는 걸러내고 육수 재료 중 표고버섯은 먹기 좋은 크기로 자릅니다.

3 단호박과 감자, 당근은 한입 크기로 자릅니다. 옥수수는 2등분합니다.

4 육수에 단호박과 감자, 옥수수, 당근, 표고버섯을 넣고 백된장을 풀어 15분간 끓인 후 소금으로 간해 마무리합니다.

낙지얼큰탕

낙지얼큰탕 역시 '은밀한 밥상'에서 판매하던 메뉴로 식당에 최적화된 방식으로 재료와 양념을 배합했음에도 집에서 만들어 먹기에도 아주 편하더라고요. 이 요리는 육수가 중요한데 어떤 육수라도 한번에 많이 만들수록 맛있기 때문에 넉넉히 만들어 2~3인분씩 소분해 냉동해두었다 먹기 전 냉장고에서 해동해 사용하면 간편합니다. 레시피에는 오만둥이를 사용했지만 미더덕을 넣어도 좋아요. 오만둥이든 미더덕이든 둘 중 하나는 반드시 넣어야 시원한 맛이 납니다.

여기에 선보이는 양념장은 해산물이 들어간 모든 국물에 잘 어울리기 때문에 해산물 전용 양념장으로 사용해도 좋습니다. 하루 전날 미리 만들어 냉장고에서 숙성시켜야 제 맛이 납니다.

4인분 ○ 낙지 2마리 ○ 바지락 100g ○ 건표고버섯 3개 ○ 알배춧잎 3장 ○ 냉이 30g ○ 청양고추 2개

육수 ○ 물 1.8L ○ 오만둥이 100g ○ 무 80g ○ 양파 ½개 ○ 건고추 3개 ○ 국물용 멸치 30g ○ 다시마 5×5cm 2장

양념장 ○ 고춧가루 150g ○ 맛간장 300ml ○ 된장 2Ts ○ 간 마늘 1Ts

1 양념장 재료를 고루 섞어 냉장고에서 하루 숙성시킵니다.

2 냄비에 육수 재료를 모두 넣고 중약불에서 20분간 끓입니다.

3 낙지는 깨끗이 씻어 손질하고 바지락은 해감해 헹굽니다.

4 물에 불린 건표고버섯은 먹기 좋은 크기로 썰고 배추와 냉이는 한입 크기로 자릅니다. 청양고추는 먹기 좋게 썹니다.

5 육수에 바지락과 표고버섯, 배추, 청양고추, 양념장 3Ts을 넣어 한소끔 끓인 후 낙지와 냉이를 넣고 한소끔 더 끓여냅니다.

카레어묵탕

"삼진어묵이 뭐길래."

'은밀한 밥상' 오픈 초기엔 명확한 콘셉트가 없어 제가 좋아하는 메뉴로 대부분이 채워졌어요. 한 마디로 손님을 고려하지 않은 개인적인 취향의 메뉴인 셈이었죠. 그중 하나가 바로 카레어묵탕으로 평소 집에서 해장으로 즐겨 먹던 음식이에요. 어느 날 어묵탕도 생각나고 국물 있는 카레도 먹고 싶어 둘을 합쳐 끓였더니 정말 시원하고 얼큰해 해장으로 제격이더라고요. 식당에서 메뉴화하려고 몇 가지 브랜드의 어묵을 시식해보니 가격 대비 삼호어묵이 괜찮았고, 식당에서 발주도 가능해 삼호어묵을 사용했어요.
카레어묵탕이 손님에게 나가고 조금 지나 그 테이블에서 "여기요! 어이!" 하고 다급하게 불렀고 워낙 큰 소리라 주변 손님들도 '돌을 씹었나? 머리카락이라도 들어갔나?' 하는 눈빛으로 그쪽을 쳐다봤어요. 손님에게 다가가 무슨 일인지 물었더니 다짜고짜 어디 어묵이냐고 물었습니다. 삼호어묵을 쓴다고 하자 불같이 화를 내며 "만원이나 받으면서 삼진어묵을 안 쓰니 오뎅이 맛이 없지"라고 큰 소리로 화를 내시더라고요. 그런데도 국물까지 깨끗하게 비웠던 손님이 기억나네요.
이 카레어묵탕의 포인트는 어묵이 아니거든요. 어묵이 풀어질 때까지 푹 끓여야 하기 때문에 밥을 말아 훌훌 넘어갈 수 있도록 한입 크기로 썰어 준비하는 것도 잊지 마세요.

4인분 ○ 어묵 200g ○ 감자 2개 ○ 당근 1개 ○ 무 200g ○ 분말 카레 100g
○ 시판 어묵 스프 1봉 ○ 밥 4공기

멸치육수 ○ 물 2.5L ○ 국물용 멸치 15개 ○ 다시마 10×10cm 1장
○ 건고추 2개 ○ 대파 흰 부분(10cm) 1대

물이 2L 양으로 줄어들 때까지 끓여주세요.

1 냄비에 멸치육수 재료를 모두 넣고 20분간 끓입니다.

2 어묵은 한입 크기로 썰고 감자와 당근도 먹기 좋은 크기로 썹니다. 무는 얇게 나박나박 썹니다.

3 국물만 걸러낸 멸치육수에 분말 카레와 어묵 스프를 풀어 거품기로 잘 저어줍니다.

4 감자와 당근, 무를 넣고 10분간 끓이다 어묵을 넣어 10분간 더 끓입니다.

5 그릇에 밥을 담아 건더기를 올리고 국물을 부어 먹습니다.

○ *Epilogue*

모두의 솥밥을 마치며…

오래전부터 요리책을 꼭 한번 내고 싶었어요. 저만의 요리법을 남들에게 알려주고도 싶고 기록하는 걸 좋아하다 보니 블로그, 인스타그램 등 SNS에 이것저것 공유하며 즐기게 되었거든요. 요즘은 쿠킹 클래스를 통해 수강생들과 소통하지만 정보를 서로 나눈다는 건 참 의미 있고 뿌듯한 일인 것 같아요.

저의 첫 책을 <모두의 솥밥>으로 시작할 수 있어 참 좋아요. 이 책이 더 특별한 이유는 대부분 가족을 생각하며 글을 쓰고 레시피를 만들고 요리도 하고 그랬거든요. 가족들과 밥 한 끼 먹을 땐 많이 멋 부리지 않고 편하게 만들 수 있는데 맛까지 좋으면 더욱 좋겠다 하는 마음으로 쓴 책이에요. 쉽고 편하게 몇 가지 재료만으로 사랑하는 가족이나 친구와 건강하고 맛있는 솥밥을 만들어 드셔보세요.

책을 출간할 수 있도록 기회를 주신 장은실 편집장님과 제 요리를 반짝반짝하게 만들어주신 김정인 포토실장님, 책 작업을 할 수 있게 공간을 내주신 브루어리304 이미혜 대표님, 항상 옆에서 응원해준 친구들 그리고 솥밥을 만들 수 있는 계기를 만들어준 아버지와 가족들에게 감사드립니다.

김희종

○ *Index*